盛示道通

中国美学思想的脉络

李　勇　许　晟　著

浙江大学出版社·杭州

图书在版编目（CIP）数据

感而遂通：中国美学思想的脉络 / 李勇，许晟著 .—
杭州：浙江大学出版社，2023.6
ISBN 978-7-308-23858-8

Ⅰ.①感… Ⅱ.①李…②许… Ⅲ.①美学思想—思
想史—研究—中国 Ⅳ.①B83-092

中国国家版本馆CIP数据核字（2023）第095378号

感而遂通——中国美学思想的脉络

李 勇 许 晟 著

责任编辑	韦丽娟	
责任校对	吕倩岚 黄炜彬	
封面设计	米 兰	
出版发行	浙江大学出版社	
	（杭州天目山路148号 邮政编码：310007）	
	（网址：http://www.zjupress.com）	
排　　版	浙江大千时代文化传媒有限公司	
印　　刷	杭州宏雅印刷有限公司	
开　　本	880mm×1230mm　1/32	
印　　张	9.25	
字　　数	182千	
版 印 次	2023年6月第1版　2023年6月第1次印刷	
书　　号	ISBN 978-7-308-23858-8	
定　　价	128.00元	

序言一

李　勇

如何以 21 世纪崭新的全球文化和当代艺术为背景，结合中国传统文化的复兴与传播对当代美育的要求，开展新时期的艺术创作与美术教育工作，是研究、实践美育的重要课题，对此并没有现成的标准或统一的答案，这是一个需要在实践中不断讨论和摸索的问题。写作这本书的初衷，就是以理论与实践、思想与美学、传统与现代的融合为基础，站在传承中华文明及优秀传统文化与美的视角，重新发掘和研究中国古代美学脉络的发展与变革，从而建构美育视野下的传统美学思想在当下艺术教育中的路径与方法，而本书仅仅是上述工作中很细微的一部分。本书由此涉及两个问题，一是作为讨论对象的部分，也就是中国古代美学的发展脉络。这涉及中国自商周至明清的思想、历史、社会、艺术创作、审美模式的变化及其复杂的相互关系。在这部分，本书希望跳出纯理论的分析和论述模式，以艺术作品和艺术家为切入点，以具体的案例为节点，联结更为广阔的背景。在这样的论述里，本书并非要建构任何成型的标准或理论，而是以抛砖引玉的方式，引

i

出更为丰富的后续讨论与实践。这也涉及第二个问题，即论述方法本身。本书的论述是以中国的自然思想、欧洲的经验主义思想以及唯物哲学为基础的，它源于对美学研究的基本认知，即"审美"并非由任何封闭的理论系统或标准框架所规定，而唯有在其发生的过程中，以及在对不同案例发生过程的展示中，才能展现审美行为在不同时代、不同思想背景下的具体性和唯一性。

当代艺术教育面临着当代艺术更为丰富多变的内容和更为社会化与国际化的场景，已不只是专业教育、审美教育，更是同归于人的自我发展之人生教育。因此艺术教育需要在新的背景下延伸，承担着艺术与教育人才的培养任务，成为弘扬和发展中国文化的基本参照。作为美育倡导者，林风眠先生在艺术教育中不仅提出了"中西融合"的思想，还曾说，艺术家应该具备四个首要态度：远功利的态度、爱自然的态度、精观察的态度，以及勤工作的态度。在笔者的浅薄理解里，远功利、精观察、勤工作，或许是无论中西，普世皆准的；只是讲来容易，唯实践后才知道其难，须在工作中时刻反省自己。而"爱自然"三字，则凸显了对中国的深远文脉和艺术之根本的坚持与发展。本书便由此出发，不仅突出自然思想在中国美学发展中的核心作用，而且在论述方法的层面，是以案例为核心的。在这样的方法里，概括性的理论被基于个体的陈述性论述所取代，由此体现艺术创作的多元，以及艺术家作为"个体的人"，或者说"自然现象"的一部分在其中的核心地位。这亦是当代艺术的美学讨论的基本方法和立足点。那么可以说，虽然本书是以中国古代美学脉络为对象的，但其论述方法是以当代思想和文化的发展为参考的。我们所希望的是，书中所讨论的古代美学案例，亦可以在崭新方法的联结下，与当代美学的创造和传播并列于同一范畴，进行相互比较。由此，类型学和风格化的划分就不再是更宽广的美学论述的障碍，正如当代艺术的发展已经打破了不同媒介、不同风格、不同文化的美学创造间的隔阂一般。

由此，本书并非以提供知识性的信息为主，而是以基于当代美育精神的，特别是在美术教育、艺术实践的视野中供讨论的对象和思路为主。在如今的信息时代，网络和新的智能工具可以帮助学生和研究者收集大量信息，那么人作为主体，其不可取代的判断力正是人性和心智的彰显。审美的过程即彰显人性和心智的过程。"美"并非标准化的，也并非数据和算法可以取代的，它是一种非算法的、整体的心智现象。美的道路，就是人的道路，这是笔者作为美育工作者的深刻体会。

序言二

许　晟

　　本书的写作以中国美学脉络的发展为主题，但涉及的并非任何封闭的美学理论。美学本身是开放的，它既是观看的主体，也是被观看的对象，没有主观与客观之分。当我们在讨论审美的时候，也一定在讨论自己的观看方式。从现代哲学发展开始，学者们尝试过以某种客观的方式去论述美。解构思潮则确定了一件事，即美学和哲学一样，作为理论，它们都无法做到像镜子一样去"再现"任何客观的审美现象，而是时刻伴随着论述者的自述与反思。实际上，科学也是如此。爱因斯坦并非发现了光速不变理论，而是假设了光速不变理论，这一假设也是一种观看方式的体现。从这一点来说，美学与科学十分相似，它们都只能体现在描述对象的方式和过程中。而且，描述并非解释。比如，为何光速是每秒约三十万千米，而不是每秒二十万千米呢？我们只能如此描述，其中唯一能解释的仅仅是"千米"和"秒"的由来：这是人规定的，也就是主观的。

　　本书的内容本身并不会涉及这样复杂的理论——或许也并不复杂——它是以对中国古代美学中的案例分析为主的，读者才是分析案例的真正主体。审美是一种人的经验，或许也是生物本身拥有的经验。人和生物归根结底都是大自然的造物，而审美源于生物体会到的，来自生命根基之处的和谐，那我们如何能假定生物没有这样的和谐感呢？《礼记》说："喜怒哀乐之未发，谓之中；发而皆中节，谓之和。"程颐说，这里的"中"，就是大自然的"寂然不动"；而人的喜怒哀乐，在"中节"的情况下，也是大自然喜怒哀乐的显现，即"和"。或许动物也是如此。总之，人便这样，通过发现自己，来发现自然；也通过发现自然来发现自己。这便是"感而遂通"的过程。艺术的创造与观看，则是这一过程的物证。

　　美育的过程并非灌输任何知识的过程，而是令学生在美的创造和实践中，体会到生于自然的自由意志与独立思想的过程。从这一点来说，本书的写作一定是不完备的，因为我们的心志都在美的启迪下不断成长。谨以此与诸位读者共勉之。

目 录

第一章

从中国史前艺术说起

神话时代

史前艺术所涉及的重要话题

史前艺术显然仅仅是人类艺术的开端，但也是最难的部分，因为它离我们最远。就像凝视深渊一样，当我们试图去了解未知时，看见的往往是自己。而且，对任何书写艺术的人来说始终棘手的两个问题会立刻浮现出来：什么才算是艺术？艺术是如何诞生的？研究史前人类的生活与创造也无法让我们得到答案，因为艺术并非从某一个时刻开始被创造。没有任何一个人说过："看！我创造了一件东西，我将它命名为'艺术品'。"也没有任何一个人给出过一个对"艺术"的定义，能让所有后人都遵循那个规定去创造或欣赏。

在无数的考古和文献研究之后，我们依然无法确定，人类是从什么时候开始"故意"创造艺术的。要理解这个情形，不妨想象五千年以后的人类对我们今天世界的遗存进行考古的场景。当他们发现商场里标有电梯与公厕的指示牌时，他们如何断定那是艺术品还是实用图标？他们可以通过文字记载来判断：如果他们找到了一本有关公共场所标识的说明，或者各种记载着 21 世纪人类艺术的图录，就知道那并不是艺术品——尽管那些标志与美国涂鸦艺术家基斯·哈林的作品非常相似。但是，当我们发现史前时代的图案，比如拉斯科的岩画、半坡陶器上的彩绘，或者非洲的面具时，我们无法找到任何当时留下的文字描述，无法知晓当事人的想法。对五千年后的人来说，即便他们知道了那些电梯与公厕指示牌的用途，也知道21世纪的人类并不把它们当作艺术来看待，但只要他们愿意，仍然可以将这些图案归入"21世纪的人类艺术"的范畴。他们只需要给出一个更加宽泛的对"艺术"的定义就可以了。

　　我们对史前艺术的定义也是如此。无论定义的内容是什么，史前艺术都是被追溯和追认的。这种追认不需要（也没有办法）参考当时的人们的意见。对史前艺术的认定方式也正好直观地反映了艺术的定义，因为无论史前还是当代，所有的艺术都是被"指定"的。这种指定有时候是通过旁观者，有时候是通过艺术家本人。在迄今为止的历史长河里，以上两种情况发生的数量不相上下，前者略多一些。在不同的世界观、不同的哲学、不同的价值观、不同的美学观的指引下，人们对"艺术"给出过无数的定义，但有一点始终不变：艺术不是一种客观存在，它是被主观指定的。我们可以这样定义艺术：当一个东西被指认为"艺术"时，它就成了"艺术"。

　　这种认定在不同时代有着不同的形式，比如对史前艺术，当我们把一个史前文明的图案作为艺术的起点去讨论时，它就被认定为史前艺术了；对当代艺术来说，比如一个人吃剩了半碗饭，我们把这半碗饭放进美术馆，打上灯光，也就将其认定为艺术了。人们在讨论什么是艺术时，实际上讨论的是认定的标准本身。或者说，当人们讨论艺术时，实际上是在讨论和反思自己对世界的认识方式，这才是更加重要的部分。

艺术的魅力也就在于，每个人都可以在既有的标准中选择自己喜欢的，甚至也可以创造新的标准。这些选择没有对错之分，只有高下之别。这种不同标准之间的高下，并非由更大的标准所规定，而是在具体的艺术品的相互比较和映衬中显现的。这就像人们对菜品的美味程度的划分，只能通过具体的菜品和品尝的经验来说明，而无法给出一个抽象的标准。这也像人们对"美人"的定义，有些人就是会被普遍认定为"更好看"，但谁也说不清为什么。对艺术的理解，始终是为了在具体案例所提供的经验中，让自己接近那些更高级的东西。

实际上，一本好的艺术史图书，并不是要告诉人们"艺术"是什么样的；而是要告诉人们，不同时期的"艺术"是如何体现不同标准的，以及这些标准都是如何来的，由此给读者自己的选择提供理由。"艺术是什么"并非一个终极提问，每个人都应该自己给出答案的开端。这个答案会引导个体给出自己对这个世界的理解，发现自己作为天地间最有灵性之造物的自由。史前人类之所以成为人，就是因为他们发现了这种自由。

　　明白了这一点，我们就无须讨论史前艺术产生的原因。首先，这个原因仅仅取决于我们界定史前艺术的方式。几乎所有的史前图案、纹样、器物造型、建筑、墓葬等，都被认定为史前艺术。我们可以说，这些"艺术品"给我们提供了了解史前人类的生活与意识形态的线索，也可以说，这些"艺术品"与当时的经济或社会状态有着密切的关联。但是，任何给艺术寻找"必然原因"的努力往往都是徒劳的。这就像是寻找商场里的电梯指示牌出现的原因一样：我们可以说指示牌的风格体现了现代社会的工业化和快节奏，也可以说它体现了一种现代符号里的抽象美感，以及商场为顾客提供方便的服务意识，但是，所有这些都无法决定这个指示牌的样子。每一件被认定为艺术的物品的出现都有着充分的偶然性，艺术品与它所处的时代是一种相互映照的关系，而不是一种必然的因果关系。这就像是家里的饭菜，饭菜从某种程度上反映了一个家庭的生活状态，但每一顿饭的偶然性都是非常充分的。

　　也正是因为如此，任何一位熟读艺术史，并足够了解当下人类状态的艺术家，都无法知晓怎样的作品是"符合"这个时代以及未来的期待的，因为没有艺术创作会被某种必然的因果关系规定为"正确的"。否则，一个人只需要熟读艺术史，洞察其中的标准，就一定能确保自己成为伟大的艺术家了，但我们都知道这是不可能的。不仅一切艺术都是被指认的，它们的价值还会在追溯的过程中被再次指认。那么很简单，这些价值更多包含对指认过程的解释，而非对艺术品诞生过程的解释。所以，艺术创作与审美永远没有标准答案。艺术的主观性和偶然性也正是艺术创作的自由与不可预见性的源头。

另外，史前艺术与文明时代艺术的巨大不同在于，史前文明之间虽然有着或强或弱的人种或语言联系，但其社会形态都是各自独立的，所以不同地区的史前艺术往往都是独立发展的。因此，我们很难为"史前艺术"这个整体找到一个发展脉络。比如由考古所知的，最早的史前绘画——拉斯科岩画是关于狩猎场景的，而比它晚一万年左右的半坡陶器上绘制的图案更像是某种神明。我们不能因此得出结论说：史前艺术是起源于狩猎，然后发展为宗教的。原因很简单，半坡与拉斯科之间或许有极小的可能存在人种遗传关系，但没有文明的传承关系。我们只能说，拉斯科的史前艺术以狩猎场景为主，而半坡的史前艺术以宗教神话为主。至于为什么会这样，我们无法给出一个确切的原因。我们甚至无法确定，半坡的神话体系就一定比拉斯科的成熟，因为，或许拉斯科地区的原始人拥有完善的宗教，只不过他们宗教行为的物证（艺术品）没有被保留下来。出于这个原因，到目前为止，对世界各地的史前艺术研究往往也是相互独立的，即便找到一些偶然的相似性，人们也只能推测出一些原因。这就像是人们发现，世界各地的语言中关于"妈妈"一词的发音非常相似，但还是难以发现一种放之四海皆准的语言发展的规律。每种语言都源自一种独立的世界观，艺术也是如此。有些史前艺术之间拥有明确的相似性，以及地域和年代上的相连性，比如印度哈拉帕文明的陶罐与中国甘肃一带的马家窑文化的陶罐就有着很多相似点。那么，我们据此可以做一些推测，认为这两者之间有着诸如人口迁徙这样的联系。

最后，研究史前艺术最大的依据在于考古发现，而考古发现是不断更新的。同时，考古发现也只能发现那些能够在时间的长河和地球的流变中保留下来的东西。这就需要我们在看待史前艺术的时候保持更多的耐心和怀疑精神。比如，我们发现了拉斯科岩画，发现了马家窑的陶器，但我们不能据此认定，拉斯科的艺术以绘画为主，马家窑的艺术以陶器为主；更不能就此认定，拉斯科的原始人是天生的画家，而马家窑的原始人更喜欢陶器。因为，拉斯科那里的人可能创造过更精美的陶器，只是出于保存条件的原因，都化为尘土了。我们只能研究那些被发现的东西本身，并发现它们如何反映当时的人类社会和精神形态。我们也可以用今天的眼光欣赏它们的美感，这是完全合理的。一切艺术研究的核心，都是针对案例本身的研究，是具休的、基于事实和现象的，而非寻找某种形而上的、放之四海皆准的标准或规律。

艺术既不是为了证明任何规律而诞生的，也不是为了满足任何功能而诞生的。对艺术的研究应该追求其经验性的、可信的部分，而非追求其理论化的、概括的部分。对于今天的许多读者来说，某个理论一旦与"经验"两个字挂钩，似乎就是感性的。但实际上，科学研究的方法也是如此：实验科学都是基于可信的经验，而非基于形而上学的推论。实验科学不会告诉我们地球和人类出现的原因，但它能不断发现我们所在的世界和宇宙是什么样的。艺术也是如此，重要的是看见它，发现它的样子。

考古学中的中国史前艺术

发现史前艺术显然要依靠考古学，因此其归类也是根据考古学中的"文化期"概念来的。简单来说，它表示具有可归类的考古特征，可判定为在一定地区、一定时间内具有共同特征的原始人类群落的遗存。例如，发现于余姚河姆渡的新石器时代文化，就被称为"河姆渡文化"，并不是说那里的原始居民建立了文明社会意义上的"文化"的意思。

山顶洞文化属于旧石器时代晚期文化，距今 1.8 万年，那里的人已经有了爱美之心，开始制作成串的石珠或兽骨作为饰品。前 8000 年之后，不同的部落逐渐进入新石器时代。不难想象，当时的原始部落不仅规模很小，彼此之间也不会有太多关联，所以他们发展的速度各不相同，在达到同样文明水平时的年代差距经常有两三千年。

　　远古人类之间的关联一般是由移民造成的，这种移民和今天的移民不同，是一个非常缓慢的过程。某个部落在一个地方可能生活了好几代人，然后因自然条件的变化，自然资源不再满足不断增加的人口，或者是在地盘争夺战中败给了其他部落，那么就会循着水、草迁移一小段距离后重新定居。至少在大陆板块上，正是这种移动让原始人类在漫长的时间里跨越遥远的距离，让欧洲地区的人类很早就具有非洲祖先的基因，也让欧亚地区的人类混入彼此，有些部落在此过程中消失了，有些则逐渐集合了不同的小部落而更加强大。这就在漫长的时间中形成了移民和不同部落的融合，其间也包含最早的不同人种的融合。在这之后，当族群逐渐扩大和稳定，不同地区的人类才逐渐具备民族特征，以及共同的基因特征。神话中黄帝、炎帝与蚩尤的战争，就是以这样的部落融合和冲突为原型的。也是因为这个，几乎所有史前文明的地域分布都一定是相连的，不可能呈跳跃式发展。

　　以今天的眼光来看，更早出现革命性进展的部落也不具备任何意义上的必然先进性，因为其偶然性是巨大的，这些部落最终都是一个更为宏观的人类从石器时代迈向青铜时代这个缓慢进程中的一小部分。从遥远的未来看今天的时候也会如此。

以目前的考古发现来说，现在的中国境内最早的聚落是湖南的玉蟾岩和内蒙古的敖汉旗，其年代约在前 8000 年。然后是前 6000 年至前 5000 年的洛阳附近的裴李岗，其间不仅有房屋和驯养动物的痕迹，也出现了粗糙的陶器。湖南澧县的原始文化大约在前 4000 年，已经有了原始的防御性城墙，也有了精致的石器和玉器，推测其在基本的装饰基础上也有了礼器的概念，可以看作早期王朝文明结构的雏形。

仰韶文化分布在从甘肃到河南之间黄河中游的广阔地带，时间大约在前 5000 年到前 3000 年之间。位于陕西的半坡文化是仰韶文化的代表，建有圆形草棚建筑，屋顶主要由芦苇构成，地面抹有灰泥。半坡遗址出产有非常精致的红陶陶器，多配有以黑红两色为主的几何纹饰，也有符号化的人物、青蛙、鱼、鸟等图案。其中最著名的是鱼形和人面图案，以及人面和鱼形象相结合的图案。这些形象似乎符合《山海经》神话的记载。神话中炎帝的形象一般也被认为以这里的部落领袖为原型的，下一章还会详细论述。中国国家博物馆收藏有一件人面渔网盆，其中的人面形象可以看作人面鱼身形象的正面肖像。另外，仰韶文化的墓葬有以大量蚌壳堆塑而成的动物形象，类似虎与龙，被命名为"蚌壳龙虎"。如果其形象确实为龙，则是龙的形象出现在史前艺术里的最早情况。仰韶文化遗址中还发现了纺织业的痕迹。

在西面与仰韶文化相邻的马家窑文化（约前 3300 年到前 2000 年），以及较晚的齐家文化（约前 2200 年到前 1600 年），两者前后相继，都主要分布在甘肃、青海境内的大片区域，部分也延伸到内蒙古。这两个文化都出产精致的陶器，其纹饰与仰韶文化的相似，但又常见鹿、羊等形象，体现出与帕米尔高原以西的印度哈拉帕文明以及中东古文明的联系。马家窑陶器上描绘的植物甚至显示出一种类似后世提笔的用笔方法，当然，这也可能是偶然形成的。这两个文化可以看作最早期的西部移民进入中国境内，并与本地部落逐渐融合的中间地带。神话中蚩尤的形象就是以这里的部落领袖为原型的。

还需注意的是，在彩绘内容之外，仰韶—马家窑陶器的造型不仅符合各类实用功能，深刻影响了后世青铜器包括日常器物在内的各类基本器物的形态，还具备一种原始社会独有的单纯和简练感。我们可以用"雄浑""大气""原始气息"等词去形容，但这些词语都很难替代其独立于后世器物的造型气质。其中的轮廓、边缘线、比例关系等都流传至后世，被不断借鉴，可以说是中国以雕塑为主的立体造型美学的根源。

除了陶器，齐家文化已经发展出成熟的玉雕，并将玉器作为陪葬品。齐家文化的青铜制品也很成熟，包括武器、工具等，从考古分类来说，已经进入铜石并用阶段。齐家文化的纺织业也非常发达，纺织品的麻织物为主，还出土有石纺轮等，这些表明当时纺织技术的物品可能是受到了仰韶文化影响。

在仰韶文化的另一头，黄河下游的苏州北部和山东，有分布广泛的大汶口文化（也称"青莲岗文化"），时间在前 4300 年到前 2400 年。目前发现的最早的卷云纹饰就出现在大汶口文化的彩绘陶器中。龙山文化可以看作其更晚的阶段，在前 2600 年到前 1900 年，其艺术代表就是最薄处只有半毫米，被称为"蛋壳陶"的黑陶制品。这些黑陶制品大多没有纹饰，但拥有造型过程中刻意留下的棱线，间距规则，线条均匀而直挺，显示出一种基于结构和质感，而非基于图案和形状的审美特征。龙山文化还出土有经过批量存放的，经过加热而形成裂纹的动物肩胛骨，与甲骨文的形成过程相似，被认为是目前发现的最早的占卜行为的遗存。

南边的马家浜文化（约前 5000 到前 3000 年）在地域上与之相连，位于江苏南部和浙江北部。和大汶口文化一样，这里也发现有大量鳄鱼皮制品，除此之外，马家浜文化的居民还猎杀大象和鹿，显然那里的原始生态与今天有所不同。这里的陶器虽然很粗糙，但上面出现了一些独立而相邻的符号单位，与仰韶—马家窑陶器中连续的抽象纹饰不同，更加接近文字的形态。

再往南，与杭州湾相邻的河姆渡文化时间也在前 5000 年到前 3300 年，但显示出远超马家浜文化的制陶技术。那里的居民制作黑陶，并在其上装饰精美的植物纹样。目前发现的最早的漆器也是由他们制作的。

良渚文化在区域位置上与河姆渡文化有部分重叠，但分布在长江下游更为广阔的地域当中，时间跨度也更长，在前 9000 年到前 4000 年之间，可以看作后世楚文化的雏形。良渚文化有先进的黑陶技术；目前最早的丝织品残片也发现于良渚文化遗址；良渚文化发展出成熟的制玉技术，时间上也比齐家文化更早；著名的玉琮就发现于良渚文化，制作于前 2700 年到前 2200 年之间。玉器的硬度决定了加工时所需的工具和技巧会十分复杂，而这些玉器的制作不仅显示出成熟的技巧，与"蛋壳陶"的几何形态相比，还显示出更加复杂和严谨的对理念化的纯粹结构的追求。它们结合了抽象图形与具象图案，通过器物的造型和图示，表达不同层级的美学结构和符号系统，是对完善的宗教、礼仪，以及武力系统的象征性表达。直到今天，所有对一个国家或一个群体的理念与力量的符号表达，也仅仅是良渚玉器的手法和范畴的进一步系统化。近两年，良渚文化的考古又有了新的发现，虽然最终未有定论，但从良渚文化的总体特征来看，它在中国史前文明中的成熟度是非常突出的。

图 1　良渚玉琮　新石器时代

高 8.9cm　孔径 3.8cm
浙江省博物馆藏

图 2　良渚玉琮（局部）　新石器时代

浙江省博物馆藏

　　良渚文化在视觉象征系统里的著名案例是一件玉琮（图 1、图 2）的纹饰，可以看作一位女神的形象。身体由卷云图案构成——当然，"卷云纹"是后世的叫法，并不代表其当时就象征云彩，可能是由其他象征系统演变的，其根源未可知。人物的胸部得到强调，确认了性别。人物头发呈发散式，后世研究一般认为这是源自对火与太阳的崇拜，头发造型是对阳光的模拟。这个推论源于楚人崇拜火的习俗。对玉琮用法的研究呼应了这一点：在祭祀时，玉琮内部要插入几根类似芦苇草的植物，象征阳光的注入。重要的是人物的胸部、小腹及手臂的位置，构成了一个非常接近人物面部的图案，使得人物的身体与面部形成嵌套图像的关系。从符号角度分析，可以理解为人物的身体就像一颗头颅，而这个头颅的核心在它的顶部；它的顶部是另一颗头颅，其核心是注入其中的阳光，犹如它"注入"下方身体的头颅一样。这可以看作对太阳崇拜的一种讲述方式，是其宗教逻辑的视觉化。我们可以继续推论：或许人的身体还需要继续像一颗头颅那样"注入"大地。这显示了良渚文化中符号系统的发展，这种发展是文字产生的必然条件。

位于四川成都的三星堆文化是 1986 年之后才被发现的，它所在的时间一般被判定为前 1200 年到前 1000 年之间。最近出现了一些有关三星堆的新发现，又将它的存在时间向前推进了不少，人们都在期待着考古学家的进一步说明。从目前已知的情况来说，它的繁荣期大约与商代同时，与其他文化期相比是非常晚的，而且其特征已经超越了新石器时代晚期的铜石并用时期，进入了与商代相当的青铜时代。迈克尔·苏立文先生在他的《中国艺术史》中也持这一观点。虽然目前还没有发现三星堆遗存与商王朝之间有确凿的联系，但从地域联系上来说，我们可以猜测三星堆遗存与良渚文化的联系。三星堆遗址中还发现了大量来自印度洋的海贝，所以它可能与古印度文明也有许多联系。

东北的辽宁地区则有红山文化的遗存，大约在前 3500 年。那里的墓葬陶制品很接近日本古坟时期的坟丘埴轮。红山文化还出土有类似女性身体的陶塑，突出身体尤其是小腹的丰满感，与在欧洲发现的史前人体雕塑风格相似，区别在于红山文化出土的胸部的线条并无特别的强调。这些遗存物之间是否有任何基于远古移民的联系，至今还不得而知。红山文化还出土有双眼镶玉的陶面具，显示出对面部写实手法的追求，这一点也与中国其他地区史前艺术强调符号与结构的象征手法十分不同，而接近欧洲后世的写实艺术。陶面具强调眼睛的重要性，可以认为它是反映了一种基于视觉的世界观。强调这方面十分典型的还有在埃及地区发现的受古罗马影响的科普特艺术，但年代上就要靠后很多了。

红山文化也有制玉技术，红山文化遗址出土过著名的玉猪龙。玉猪龙的眼睛与陶面具一样，是被刻意强调的。其身体被简化为环形，可以视作早期的玉环形态，其意义仍未可知，若非要说这是龙的身体则显得有些勉强了。比如羊角元素，很可能是早期成功驯化羊的部落带来的图腾。

另外，有人会习惯性联想：这些中国与其他国家或地区的原始艺术的联系，是不是说明早期欧洲人移民到了中国北部呢？首先，那时候虽然有人种的差异，但还没有"欧洲人"和"中国人"。原始社会时期的人类是以部落为单位生活的。这些部落即使彼此接壤，也没有共同的、天然的民族身份或文化身份。在漫长的以"千年"为单位的时间里，不同部落才逐渐融合为具有共同文化和民族属性的人群。其次，原始时代的"移民"情况与今天所说的移民非常不同，并非大规模有组织地迁徙，而是以部落的偶然性迁徙为单位，在漫长的时间里逐渐完成的。我们可以设想一个位于帕米尔高原西侧的部落，他们在一条河流边的固定地区生存了几十年或者上百年；然后，随着自然环境的变化，或者部落人口的增加，或者其他部落的到来，又或者别的什么原因，他们不得不转移去寻找新的栖身之所；于是，他们可能沿着河流转移了几十千米，或者几百千米，就再次安顿下来了。直到有一天，他们不得不翻越帕米尔高原，然后又安顿下来，适应新的环境；过了几百年后，他们的后代逐渐到达了黄河流域上游，然后再适应新的环境；又过了几百年，他们可能就来到了黄河中下游。在这个过程里，他们其实早已不是原先那个部落了。重要的是，这些人种的交融、不同生活习惯的交融，都是中国地区内古老文明形成前的基础。等到商周时代，或者"中国"的概念形成时，这些远道而来的部落后代早已被视作"本地人"了。从"唯物主义"的角度看待远古的事物时，我们会发现一个简单且基本的常识，就是没有任何所谓"正统"的东西是天然存在的。每个符号、每个部落都有着更加久远、更加复杂的源头，它们比一切神话的源头还要久远得多。

知识与概念复习

1. 根据书中内容，解释"史前"这个概念的重要内涵。

参考答案："史前"意味着没有当时的文字来描述自身所处的时期，这一时期发生的事实只能通过考古发现来推断，这些事实也往往被后世的历史记载或者神话传说所反映。

2. 描述"史前艺术"的特点。

参考答案：史前艺术中的"艺术"并不一定被当时的创作者所定义，它是由后来的研究者定义的。如果当时没有文字记载，后来的研究者无法真正确定这些形式的创造在当时出现的真正原因。

3. 理解仰韶文化、良渚文化等史前文化期的命名特点，它们只出现在仰韶和良渚地区吗？

参考答案：这些史前文化期的命名往往来自其代表性遗存最初被发现的地点，并不意味着这些史前文化仅仅出现在被发现的地点，它们往往分布在具有一定广度的时空范围内。

思考题

1. 尝试在世界地图上梳理古希腊、古埃及、古巴比伦、古印度与中国史前文明的地理和时间关系。

2. 尝试想象史前艺术中的造型与纹样的来源。

3. 尝试梳理黄河流域的史前文明与我国东北地区、西部地区以及长江流域的史前文明的时间关系和相互联系。

第二章

中国远古神话形象的流变

神话时代

"史前时代"意味着其是没有当时的文字记载的时代,这样的时代因此没有可信的历史,只能在后世以神话传说的形式流传下来,因此我们也可以将其称为"神话时代"。这些神话往往有自己的原型,比如史前时代的原始部落领袖、战士,不同部落之间的和平往来或战争……这些真实的事件发生在史前艺术产生的年代,甚至更早的时代,其中的人物或故事则在后人的口中代代相传,逐渐变成神话。某个部落的故事能够代代相传,就说明这个部落在不断发展壮大。最终,当这些神话成为一个国家或者民族的起源神话时,就表示这个部落已经进入文明的新阶段。从商周到汉代,就是这些神话逐渐定型的时代。理解了这些神话流变的过程,也就理解了后世许多艺术形象的根源所在,是欣赏先秦和汉代艺术,乃至更晚的一些艺术创作的基础。不仅如此,这些形象的流变也可以看作早期思想和文化之形成,乃至中华民族的自我身份认同和"中国"的国家概念之塑造的重要部分。

古希腊的史前艺术及其神话背景在各种艺术史书籍中都有详细介绍,例如对迈锡尼文明及其艺术的研究就是以《荷马史诗》为基础的。中国的史前艺术虽然经过历代学者研究,中国的史前神话也非常丰富,两者却始终没有有机地结合在一起,因此在这里有必要先简要梳理一下。

中国神话时代最重要的脉络是黄帝、炎帝与蚩尤的战争，一般研究推断其发生的时间在前 2700 年到前 2500 年，比仰韶文化人面鱼出现的时间还要晚大约一千年。其故事的原型并非一场战争那么简单，而是史前文明的交融和发展过程，其真实素材的跨度可能更为久远。对这些故事的讲述，最早的线索在《山海经》里。《山海经》搜集了许多古老神话，而其成书时间最早也在战国，也就是前 450 年之后，所以《山海经》很可能包含了对古老故事的歪曲和夸大。在那之后的记载，虽然看上去更详细、更精确，但也都是后人的推论或杜撰。比如我们不能因为汉代《史记》里面记载了黄帝的事迹，就把它看作信史。黄帝和女娲、盘古，或者亚当、夏娃，首先是神话形象。我们可以分析这些后世记载的背景或目的，由此得出更可靠的推论。

从商周的青铜器开始，直到汉代墓葬壁画，一些动物形象经常作为图腾出现。它们是联结古老神话与后世艺术的纽带，所以下面的分析就将以这些代表性的动物形象为线索。

熊与大水

熊与黄帝有关。今天常见的关于黄帝的介绍是这样的：黄帝本姓公孙，后改为姬，又称轩辕氏，居住在有熊国，也就是今天的河南新郑。黄帝出于有熊国，这在《竹书纪年》和《史记》里都有记载。但是，有熊国到底在哪里，它们并没有提及。是否在河南新郑呢？最早这么说的是西晋杜预的《春秋释例》。在汉代之前的文献里，轩辕另有其人，直到汉代的《越绝书》里，黄帝和轩辕依然是两个人。这么看来，黄帝的形象可能是综合了多个原型人物而成的。

熊的形象多见于先秦时期的楚地艺术中。因为在中国的上古氏族里，最崇拜熊且唯一以熊作为国君姓氏的是楚。楚族的始祖名为"鬻熊"，后来的部落领袖则以熊为姓，例如熊丽、熊狂、熊绎等。楚人崇拜熊，可能是因为楚地的熊较多，这也符合长江地区的原始生态。同时楚人还崇拜火神祝融，这呼应了前文对良渚文化玉琮纹样的分析，那个纹样里的形象可能就是祝融的原型。楚地文化融合了熊与火，后世便有了"烈火熊熊"这个词。仔细想想：为何要以"熊熊"来形容烈火呢？

据闻一多先生对《山海经》的研究，神话中禹的父亲叫鲧（根据"鲧复生禹"一句）。春秋的《国语》里记载了鲧在羽山之渊（今江苏一带，属楚地）被尧杀死后，化身为黄熊的故事。既然鲧能化为楚人的神兽熊，表示他是受人尊敬的。《楚辞·天问》里面也讲了同样的事情。到了唐代，《史记正义》说原本故事里的"熊"不是熊，是"鳖"的象形字，下面本来只有三点，乃三足鳖的意思——

把人变成了少条腿的王八。于是，在《史记正义》之后更晚的故事里，又有了"鳖灵"的传说，说鲧死后变成了三足鳖，然后逆水而上，一路从楚地赶回蜀地，复活了。这个故事接续了《史记正义》的说法，但似乎在暗示一件事：熊也好鳖也好，鲧这个形象的原型是楚人，而他很可能去过蜀地，或者本来就是从蜀地来的。

根据《蜀本纪》记载，"禹本汶山广柔县人"，也就是现在四川汶川地区人。禹治水的故事中有他化身为熊的情节，说明禹也跟楚地神话有关。《蜀王本纪》里记载了一位叫杜宇的男子，在汶山下自立为王，称"望帝"，其实也就是当时的原始部落领袖。杜宇很可能就是禹：首先，他们出处都是汶山；其次，禹是后世的社神，所以也称为"社禹"；而"杜"与"社"字形相近，"宇"和"禹"古音一致，那么望帝和禹的原型有可能是同一位蜀地领袖。《蜀王本纪》说有一只鳖来到蜀地，做了望帝的宰相，帮他成功治水。这本书成书于汉代，似乎可以成为《史记正义》里的三足鳖依据；如果是这样，那么做了禹的宰相的就是鲧了。而且，鲧在禹治水的过程中发挥了很大作用。传说有时候用暗示的手法示意一些事实，那么说禹化身为熊，就很像是在暗示禹得到鲧相助的意思。但是，这样的暗示到了后来，就逐渐把禹本人和熊也联系在一起了。

《说文解字》又说望帝抢了自己宰相的老婆，那么很可能就是鲧的妻子女狄。《天问》和《吕氏春秋》里面也有对禹好色的记载，符合这个故事的特点。《蜀王本纪》则说杜宇的老婆不是抢来的，传说是她自己从井里出来的——这样的传说至少暗示了杜宇老婆的来历不明。从这样的分析来看，鲧和禹就不是后世神话所说的父子关系，而是上下级关系。治水成功的也不是大禹，是鲧成就了禹，也是鲧让禹成了熊。"鲧复生禹"就有了这样的解释。

总之，蜀地记载望帝后来出走就没了下文。我们可以推测他大约是去了中原，融入了中原文化，因为他成了禹，进入了"尧舜禹"这条中华神话的主线当中。这个猜测有一条很明显的线索，就是在中原地区的传说中，大禹治水的故事里禹是以正面人物的形象出现的。而在楚地的《天问》《离骚》《九章》当中，则有很多同情鲧和质问禹的文字。例如"何续初继业，而阙谋不同"，问禹"你怎么突然就会治水了呢，瞧把你能的"，这是在质问禹抢了鲧的功劳。这些质问往往被后世的翻译误解为赞美："你终于会治水了啊！真厉害！"《天问》里著名的"禹之力献功，降省下土方。焉得彼涂山女，而通之于台桑"，这句往往被牵强地解释为赞美禹的功绩以及他和妻子"涂山女"的爱情。其实紧接下来两句是"闵妃匹合，厥身是继，胡为嗜不同味，而快晁饱？"意思是你立了大功，但为何让伤心的涂山女不得已怀了孕，为何要为了品尝不同（女子的）味道就纵情一时欢快呢？"涂山"古音同"巫山"，写法也相似。屈原之后有一位楚国的帅哥诗人宋玉，就写了一个巫山神女的浪漫故事，或许就是从屈原那里获得了灵感，成为"巫山云雨"一词的来源。那么熊和黄帝又到底是什么关系？我们暂时先看另一边的故事。

虎与月亮

根据《穆天子传》的记载，周穆王在前 10 世纪左右曾经向西游历到现在黑海沿岸，途经甘肃祁连山时见到了西王母，也就是考古学中齐家文化所在地的部落领袖。显然"西王母"并不是一个人，而是历代领袖共用的名字。在前 21 世纪左右，齐家文化的部落是和神话中黄帝和尧舜所处的部落同时存在的，并且有许多交流，到周穆王的时候，已经以"西王母"的名义留下了许多传说。西王母被描述为死神，并掌管不死之药。《山海经》中有许多关于不死山、不死国、不死药，以及不死人的记载，都与西王母的部落有关。汉代的《淮南子》中还有"羿请不死之药于西王母"的记载。这里的"羿"就是那位著名的射落太阳的后羿，也被描述为嫦娥的丈夫。"不死人"的传说也出现在以欧洲中世纪为原型的"龙与骑士"主题的神话中，成为后世诸多以死者复活为基础的奇幻故事的源头。在当代知名的游戏制作人宫崎英高的代表作"黑暗之魂"（Dark Souls）里，就出现了"不死人"的设定。推测这个神话与西王母的关联，可能在于齐家文化所在地盛产玉，是当时下葬的必备品，周围地区为了安顿逝者，都需要这里的玉。久而久之，西王母就跟生死脱不了干系了。另外，根据《山海经》和《中山经》的描述，或许是出于某种部落的习惯，作为部落领袖的西王母是住在布满坟冢的"玉山"上的。

在较晚的神话里，月亮因为其圆缺变化，逐渐被视作死亡和复生的象征。于是，西王母又成了月神。西王母的部落以虎为象征，于是老虎也被西王母带到了月亮上。到了《楚辞》那里，月亮上就有被称为"顾菟"——也就是老虎的动物存在了。

顾菟在远古也写作"於菟"（发音同"乌图"），后来在原始汉语到古汉语的转变过程中，这两个字的读音和写法发生改变，于是被误传为"玉兔"。汤炳正教授的研究也指出，中国的古籍中经常将虎与兔混淆。例如《诗经》中有《兔置》一篇，用"肃肃兔置，施于林中，赳赳武夫，公侯腹心"，描写了一名设陷阱捕捉老虎的英勇武士，说他是国家栋梁。如果把老虎理解为兔子，那么一位只会抓兔子的人怎么能成为武士和国家栋梁呢？《兔爰》一篇也描写了一只迈着稳健的大步缓缓行走的"兔子"，可是哪只兔子会那样走路呢？《诗经》里的"兔"都应写为"菟"，本是指老虎。这样的误传至少从春秋战国时期就开始了。对于春秋战国的人来说，西王母的传说也已经是一千多年前的事情，相当于我们当代与魏晋南北朝的距离，加上当时的汉字正在萌芽发展期，出现纰漏也是情有可原的。正是由于这个纰漏，在更晚的神话里，月亮上的嫦娥便与可爱的兔子相伴了。她本来是被一只猛虎所护卫的。

虎与熊

虎与熊常常共同出现在汉代壁画里，显然是对古老神话的引用。这就涉及禹和西王母的关系。《荀子》中有"禹学于西王母国"。禹向西王母学了什么呢？考古发现齐家文化不仅制陶技术先进，纺织业也非常发达。《三教源流搜神大全》记载，有名为蚕丛氏的蜀王，"穿青衣"，"教民蚕事"，就是传授养蚕纺织技术，被后人称为"青衣神"。这里的"蚕丛"，从甲骨文字体的演变来看很可能就是后来的"禹"。那么，或许就是禹当蜀王的时候，从西王母那里学来了最早的养蚕和纺织技术。

在中国的神话体系里，教民蚕事的女神是嫘祖。根据《重增搜神记》的描述，嫘祖是黄帝的妻子，也是一位青衣蚕神，教会人民养蚕纺织，是中国丝绸的起源之神。那么，嫘祖和西王母之间会不会有什么关联？良渚文化和仰韶文化的纺织技术出现时间更早，嫘祖的原型应该出自仰韶文化所代表的中原地带，那么齐家文化的西王母就是从相邻的仰韶文化的嫘祖那里学到了纺织技术，又传授给蜀王，这是合理的。

但是要注意，原始时代是否真的有嫘祖这么一个天才女子，突然间发明了纺织技术？显然不是真的。稍微了解一下养蚕和纺织的历史就知道，这些技术需要漫长的时间来摸索和改进，是许多代人的智慧结晶。"嫘祖"只是这个过程在神话里的象征，她的原型是许多人在漫长时间里累积而成的。

再看一下西王母和女娲之间的联系。《韩非子》中记载的著名的玉器"和氏璧"就出自西王母的领地，这符合齐家文化产玉器的特征。《淮南子》中有"呙氏璧"，出处与之相同。"呙"与"和"古音相同，"呙"也是女娲的旧称。这么看来，西王母和女娲的神话形象也许是出自同样的人物原型。根据《风俗演义》的记载，女娲不仅有补天和造人的功绩，还是婚姻之神，也是月老的前身。女娲与月亮的关系，很可能是通过西王母的月神形象建立的。这么说来，女娲神话的原型是西王母，便顺理成章了。女娲还有很多为人民谋福利的传说故事，也都符合西王母部落首领的特征。

"女娲"这个名字从哪里来的呢？《世本·帝系》记载有"禹娶涂山氏女，谓之女娲"。"涂山氏"符合《楚辞》里对禹妻子的描述，"涂山"在今浙江绍兴，是楚地。她本是楚人鲧的妻子，生于楚地也符合逻辑。但禹从鲧那里抢来的女子名为女狄。那么"谓之女娲"，这似乎是禹给涂山女取的新名字。是不是禹喜欢她，所以根据女娲的神话给她取了这个名字？不是的。他们所在的时代就是神话原型诞生的时代。如果禹的妻子真的叫"女娲"，那么逻辑应该是这样：因为"女娲"是禹的妻子，而且这位妻子受人爱戴，所以后世才会有以女娲为名的神话。但后世将西王母的很多事迹转移到了女娲名下。这从侧面说明，西王母和禹之间也有紧密的联系，前面分析的西王母传授禹养蚕技术，便属于这种联系。《山海经》里还有"女娲之肠"化为神的描述：女娲不仅是造人的女神，还承担了西王母的功绩，有着桑蚕技术传播者的属性，所以作者将蚕丝比作她的肠子。

我们再来看下一段材料。《山海经》描述了黄帝与蚩尤作战的经过，其中有一段写道："有人衣青衣，名曰皇帝女魃。蚩尤作兵伐黄帝，黄帝乃令应龙攻之冀州之野。应龙蓄水，蚩尤请风伯雨师，纵大风雨，黄帝乃下天女曰魃，雨止，遂杀蚩尤。"这里讲了应龙，以及一位叫"魃"的女子，协助黄帝杀死了蚩尤。魃穿着青衣，居于赤水之北。穿青衣，这符合青衣蚕神的形象。这样说来，这位叫"魃"的女子可能就是黄帝的妻子嫘祖。只不过在这段文字里，魃并不是黄帝的妻子，更像是他的帮手：下天女，就像是从天上召唤来的奇女子。女子来自赤水，位于《山海经》中的昆仑山，也就是西王母所在的祁连山一带。这么看来，这个魃的形象实际上综合了嫘祖和西王母的事迹。

故事里说西王母协助黄帝战胜蚩尤，而与西王母关系最密切，最可能被她协助的部落领袖也是禹。这样一来，禹就成了黄帝的原型，或者原型之一了。西王母本来是从嫘祖那里学到了养蚕技术，再教给禹。但是，如果禹的原型和黄帝重叠，那么西王母在神话中本身也就扮演了嫘祖的角色。

如果是这样，那么禹作为蜀王远走的中原的事实也就说得通了：他与西王母作为部落联盟，共同战胜了蚩尤，由此他能够在中原立足。他有着这样重大的功绩，所以成了后世黄帝的原型之一。这样一来，神话里的黄帝的形象会跟"有熊氏"这个名字扯上关系的原因也就清楚了，这个联系是通过禹建立的。

从考古学的角度来看，在西王母所在的齐家文化的一些中后期墓葬里，出现了许多猪骨随葬品，这与齐家文化传统的墓葬风格不符，而是与黄河流域中下游更早期的考古特征有呼应的。墓葬传统的改变是非常重要的事情，并非一般部落交流可以影响。可以推断，这种呼应是通过跟西王母有着密切关系的禹东迁而建立的。

在所有的记载里，禹的妻子只有那位涂山女，而涂山女怎么看都不是西王母。西王母教给禹养蚕和纺织，并且和禹一起参加了跟蚩尤的战争，起到了很大的作用，犹如天女下凡。然后在神话里，西王母的种种功绩，就转移到了禹那位平凡但又被人民爱戴的妻子身上：有的变成了嫘祖的传说，有的成了女娲的传说。

对于这种密切的关系，古人和现代人一样充满八卦精神。西王母和禹的关系虽然没有明证，但古人对此浮想联翩的证据保留了下来。于是，在西王母的基础上，又诞生了东王公的神话。东王公显然是历任西王母里最有影响力的一位伴侣。《神异经》说："昆仑之山……上有大鸟，名曰希有，向南，张左翼覆东王公，右翼覆西王母，背上小处无羽，一万九千里。西王母岁登翼上，会东王公也。"意思是说，东王公和西王母相隔两地，每年在巨鸟的翅膀上见面一次。这个神话怎么看，都像是东迁后的禹和西王母难以见面，让周围人唏嘘，才编造出来的。《神异经》的这段内容也便是后世牛郎织女鹊桥相会的故事起源了。

在汉代，由于道教盛行，统治者追求长生不老之术，而西王母是死神，还掌握不死之术，所以东王公和西王母的形象便成为汉代墓葬艺术的重要题材。后世还编写了汉武帝夜会西王母的故事，武帝希望问到一些长生不老之术，但西王母只是闲聊，让汉武帝很失望，毕竟汉武帝不是东王公。另外，根据清人黄伯禄的《集说诠真》考据，东王公还有一个衍生的神话形象是玉皇大帝，他说"东王公又号玉皇君"。这也呼应了道教的盛行。但是，东王公究竟是如何被转述为玉皇大帝的，他也没有说清。清人的考据往往是闲来无事自寻雅趣，缺少凭据。但是，经过这许多的努力，中华文明的先祖们虽然面目模糊了，却化身为不同的形象，在各种神话里进进出出，陪伴在我们的书桌与枕边，也是一件浪漫的事情吧！

这里一定要扭转看待文明起源的既定思路：在原始部落时期，没有哪一个部落有着纯正的民族属性，因为那时候甚至还没有"民族"这个概念。我们不能因为禹可能生在汶川，就认为他是羌族。从远古人类的角度来看，民族以及国家，并非天然就在那里，而是在不断的融合中逐渐形成的。从命名的角度来说，它们跟艺术一样，是被后天认定的。古希腊文明也是如此。在古希腊黄金时期，罗马人还被认为野蛮的原始人。后来罗马人占领了希腊，延续了希腊的文明成果。到今天，欧洲学者怎么形容自己文明的起源呢？叫做"古希腊—罗马"文明。可在当时，希腊人可没有跟罗马人商量好，说我们一起创造一个文明吧，古希腊是被战争吞并的。希腊人是凭空在希腊出现的吗？也不是，是由地中海周围很多小型原始部落以及更远处的移民逐渐聚集形成的，哪一支也不是"正统"的希腊人。在中国的原始时代，也没有哪个部落自称汉族，或者中华民族，他们甚至还没有"中国"的概念。只不过，在给后人讲故事的时候，如果加上那么些有决定性的人物，显然要精彩得多。

熊与龙

今天学界对"龙"的研究已经有很多了。不容忽视的一点是先秦时代和更早的文献中很少描述龙的样子，只提到一些类似的形象，比如《山海经》里的"轩辕之国……人面蛇身"；偶尔也出现了"龙"这个字眼，例如"钟山，其子曰鼓，其状如人面而龙身"。《山海经》还描述了一种有后世龙特征的神兽叫做"夔"："东海中……有兽，状如牛，苍身而无角，一足，出入水则必风雨，其光如日月，其声如雷，其名曰夔。""夔"像牛，身体白色，没有角，这不像后世神话里的龙；但它可以呼风唤雨，光芒耀眼，声音如雷，这倒是很像龙。这段后面又说，"黄帝得之，以其皮为鼓……声闻五百里，以威天下"。看来黄帝并没有什么敬畏心，把它的皮做成鼓了。考古学中的大汶口文化东接东海，也出土有很多鳄鱼鳞板，被推测为鼓皮，符合神话记载。这也就是为何有学者认为龙的原型是鳄鱼的原因。并不在大汶口文化所在地区活动的黄帝能否得到夔的皮呢？这个后面会讲。总之，除此之外，早期文献就没什么线索了。

在史前艺术里有一些龙的形象的前身，较为著名的有仰韶文化出土的蚌壳堆塑的"蚌壳龙虎"、红山文化的玉猪龙等。但是，这些形象被看作"龙"，是后世有了龙的神话以后，又被考古工作者根据这些神话追认的，谁也不知道它们在当时叫什么。到汉代，文献里对龙的描述才变得具体，比如《论衡·龙墟》里有"世俗画龙之象，马头蛇尾"。艺术作品中龙的形象也是如此，直到汉壁画，龙的形象才确定下来，成为后世龙形象的标准参照。龙的各种故事、各种类型，也是到汉代才逐渐成型。不过汉代壁画里的龙与后世拥有修长身躯的龙也不尽相同，汉代壁画里的龙身材更短，更接近现实中的四足兽，这一点在唐以后才逐渐改变。

《山海经》对龙的描述不多，但其中有一位守护黄帝，在与蚩尤的战争中起到重要作用的龙，就是前文提到的"应龙"。它和"魃"这位天女共同帮助黄帝战胜了蚩尤。《大荒北经》又说，应龙"已杀蚩尤，又杀夸父，乃去南方处之，故南方多雨"。应龙杀掉蚩尤和夸父后，就回到南方，因为前面就说过应龙可以操控水，所以说南方多雨。

再回顾那位帮助禹治水，还被禹抢了老婆的鲧。《楚辞》记载鲧在羽山被尧杀死，羽山考据在楚地，看来他后来又落寞地回到家乡，最后还被追杀。我们可以大胆推测，"应龙"这个故事的原型，就是说鲧投奔禹，被禹抢了老婆，但还是帮助禹治了水患，战胜了蚩尤，然后自己孤身一人回到楚地，最后死在羽山。这么看来，"故南方多雨"，或许是在暗示鲧凄凉的心情了。《天问》里也为他鸣冤，说为何放了三年不下葬，肯定是有冤情。唯一的出入在于，如果尧是禹的前辈，那么不太可能是尧去杀他。只不过，尧杀鲧的神话是在鲧作为反面人物时出现的，可能融入了其他人物原型。根据历史中的常见情形，实际情况可能就是禹虽然把鲧赶回老家，但还是怕他叛变才杀死了他。

春秋时期的《国语》说鲧死后化身为黄熊，这个很容易理解，因为楚人崇拜熊。而比《国语》更早的商代流传下来的《归藏·启巫》里则说："鲧死三岁不腐，剖之以吴刀，化为黄龙。"不仅呼应了三年下葬的说法，还把鲧从黄熊变成了黄龙。这是早期文献里第一个跟黄龙有关的人，而黄龙在中国神话体系里的地位是很高的。

黄龙在汉代成为中华正统的象征，也是黄帝的象征。最早这么规定的是汉代的《淮南子》："中央土地，其帝黄帝……其兽黄龙。"意思非常斩钉截铁：这里是（天下）的中央（也就是"中国"），这里的创世先帝是黄帝，这里的守护神兽是黄龙。谁给了《淮南子》的作者这样的信心和气势呢？可以说是他自己，也可以说是他所在的时代。汉帝国作为这片土地上第一个稳定的大一统国家，必须塑造一个正统，就像罗马帝国需要上帝和凯撒一样。在这之后，历任皇帝都必须跟龙扯上点关系。《史记》开了这个头，说黄帝最后就是被龙接到天上成仙了（根据汉代道教的信仰而杜撰），还有群臣后宫七十几人跟着一起骑龙上去。注意"七十几"这个相对精确的数字，好像有人在场数过一样。

那问题来了，既然汉代才提升了黄龙的地位，为什么商代文献要说鲧化身黄龙呢？《归藏》的原文已经失散了，是后世补录的，所以不排除是后人在"黄龙"的地位被确定之后，才篡改了《归藏》的原文而加上去的。那么篡改的动机，显然是提升鲧的地位，暗示鲧曾经守护过中华民族的先帝。如果后人没篡改，商代真的就有了关于"黄龙"的故事，并且成为后世黄龙地位的源头，那就说明鲧在当时的地位真的很高，反而在春秋时期又被降低了。

这一切都与我们假定的鲧是应龙原型的推论相符，只有因为黄帝和黄龙的重要性，以及鲧和禹之间的秘密，后世文人才会围绕鲧的身份进行了一系列明争暗斗，在神话里留下各种线索。这场纷争到唐代还在继续：在《初学记》那里，鲧的尸体被吴地的好刀剖开后，出来的不是黄龙，而是禹，似乎暗示禹才像是黄龙呢。这次修改显然体现了一种美化禹的立场。

往前面看，这个美化禹还是美化鲧的分歧从《山海经》内部就开始了。除了前面的记载，《山海经》里还说"黄帝生骆明，骆明生白马，白马是为鲧"。如果依了这句，那么么鲧就成了禹的孙子，或者禹根本不是黄帝的原型，而是黄帝的从孙。但是这句非常可疑，无论怎样考据，"白马是为鲧"这句，都和别的内容找不到呼应，更像是一种刻意的贬低，或者后人补录的。其修改的意思就像在说："你们说鲧是黄龙，我偏要说他是马。"我们想想《西游记》

里的西海龙王三太子，本来也是一条龙，却变成了白马，在队伍里最不起眼的位置默默承受苦难，最后修成"南无八部天龙广力菩萨"。是不是吴承恩也从《山海经》里看出了以白马贬低鲧的端倪，才编织了这个龙变为马，最后又变为名为"天龙广力"的菩萨的故事呢？

还有学者考据说，鲧是共工的原型。共工就是那个治水无功，还撞坏了不周山的坏蛋。如果真是这样，那汉代学者把女娲补天和共工撞不周山的神话联系在一起，便似乎在暗示一种真相了：鲧得知自己的妻子"涂山女"有了外遇，便大发雷霆，跟禹闹翻了（撞坏了不周山）；"涂山女"还是嫁给了禹，并且有了"女娲"这个新名字，最后以新的身份去劝说鲧（也就是"补天"）了。

无论鲧是不是应龙或黄龙的原型，他首先都一定是鲧的家乡楚地艺术中黄熊的原型。就像蜀人没有交代望帝的下落，楚人也没有交代黄熊的下落，或者这些交代都遗失了。在《楚辞·天问》里有一句"焉有龙虬，负熊以游"，说有一条龙背着熊。这是多么有深意的场景。《天问》在解释"应龙"时还含糊地说了一句"有翼曰应龙"：长了翅膀的就是应龙。那是什么长了翅膀呢？是熊，又或许是我们的想象？

凤

《诗经》有《驺虞》一篇，描绘了猎官狩猎的场景。"驺虞"是猎官的名称，有仁义、勇敢的意思，源自猎豹的古称，有时也简称为"虞"。《山海经》将它称为"驺吾"，古汉语的读音和写法与"驺虞"接近。"林氏国有珍兽，大若虎，五采毕具，尾长于身，名曰驺吾，乘之日行千里。"这一描述基本符合豹的特点，但说骑上豹子可以日行千里，显然是作者的想象了。重要的是"五采毕具"一词，所谓五采，同样在《山海经》里，是用来形容凤鸟的品德的，因为"五采鸟"又是凤鸟的别称。"凤鸟首文曰德，翼文曰顺，膺文曰仁，背文曰义，见则天下和。"这是说凤鸟不同部位的纹理象征了不同的美德。《南山经》的内容则很像是后人增补的："凤凰，首文曰德，翼文曰义，背文曰礼，膺文曰仁，腹文曰信。"到这里，凤鸟才变为"凤凰"，"五采"也成为后世所说的"仁义礼智信"五德最初的起源。

与现代人的世界观不同，中国的远古先人是将鸟兽视作一体的。或者说，从分类学的角度来看，古人并不认为飞禽和走兽是两类动物。比如《山海经》里说的"四鸟"，就是指虎、豹、熊、罴四种野兽。可以推断，当时所说的五采鸟，其实就是五采兽，也就是实际上的猎豹了。也就是说，凤的原型可能就是猎豹。后人逐渐将"鸟"和"兽"分开之后，看到前人所说的"鸟"，才又创造出凤凰的形象。猎豹所象征的美德，在后世由凤凰的形象来继承。

《吕氏春秋》里有"帝喾……因令凤鸟天翟舞之"，帝喾是神话中"三皇五帝"之一，黄帝的曾孙，商王朝的先祖，二十四节气的发明人。他要求一个被称为"凤鸟天翟"的人跳舞。《世本·王侯大夫谱》记载，帝喾有一个女儿叫简狄，"简狄"的读音与"天翟"非常接近，可以推测是简狄被称为凤鸟。这符合《诗经·商颂》的记录："天命玄鸟，降而生商。"屈原的《天问》里面也有"简狄在台，喾何宜？玄鸟致贻，女何喜？"大意是说帝喾得了简狄这个女儿非常高兴，认为她是玄鸟的化身。玄鸟一般被汉代以后的学者理解为燕子，但同为屈原所作的《离骚》里面，在叙述简狄出生这件事的时候又用了"凤皇受诒"，显然屈原认为玄鸟和凤鸟是一回事，而后世的"凤凰"一词最早就是从这里来的。玄鸟就是凤，也就是猎豹。将玄鸟理解为燕子的都是屈原之后几百年的学者了。那么，这位简狄便可以理解为凤鸟的人格化，也就是说，她的父亲认为她像一只小豹子。"玄鸟生商"就是这么来的。

根据《世本》的记载，简狄在当时也被称为"常仪"，她的儿子契（另有文献也称"少皞"）便是商部落的领袖，也就是后来的商王朝的先祖。因为契的母亲是凤鸟的化身，所以在后世的传说里，契是母亲吞下了神秘的蛋之后生出来的，他出生的时候还有凤鸟来贺喜。注意，直到汉代，"凤鸟"与豹的对应关系依然是存在的，并没有完全成为后来的凤凰。在汉代画像石上，经常出现一个兽足，长尾，身形修长、矫健的形象，很像一只豹子，那就是凤鸟——也就是商王朝先祖的母亲简狄。

由于商王朝的重要地位，凤的神话也便一直流传下来，成为后来的凤凰。后世还根据"常仪"这个名字创造了嫦娥的传说，将西王母的事迹融入其中。嫦娥还被描述为羿的妻子，他们的感情纠葛掩盖了凤鸟这个形象的重要性本身。还有一种说法认为嫦娥不是简狄，而是简狄的女儿，但我们无法考据简狄是不是有这样一个女儿。从文明史和艺术史的角度来说，我们需要分析的是神话诞生的过程，而无需根据后世的杜撰来争论神话的内容本身。嫦娥这个形象无论是谁，都是因为简狄的非凡身世才出现的。

简狄所处的年代也大约在前 20 世纪之前，既然她被视作凤鸟的化身，说明在那时候，她所在的部落已经将凤鸟作为一种神鸟来看待了。这一习俗可以追溯到商部落更早的先祖，也就是仰韶文化时期。河南濮阳仰韶文化墓葬出土了蚌壳堆积而成的动物形象，被称为"蚌壳龙虎"。仰韶文化比齐家文化更早，没有任何崇拜虎的理由，所以它更可能是豹的形象。豹与龙的图案同时出现，这就是最早的"龙凤呈祥"了。同样，春秋战国时期一些带钩（腰带扣）也是以豹而非虎为形象的，因为它们要继承的是商的图腾，而非西王母。

　　大概是从春秋战国开始，化身凤鸟的嫦娥与化身猛虎的月神西王母的传说开始有了一些融合，于是便有了嫦娥奔月的故事。最早的故事出现在《后汉书》里，说嫦娥偷走了丈夫羿从西王母那里讨来的不死药，吃了之后大约是受到了西王母月亮之力的帮助，又或者是激发了自己"凤鸟"的力量，总之逃到了月亮上，然后变成了蟾蜍。之所以嫦娥吃了不死药会变成蟾蜍，大约是因为蟾蜍在远古时期就受到崇拜，并被认为是不死药的来源。这个故事的作者大约是对商人的祖母嫦娥有什么成见，又或者是太喜欢癞蛤蟆这种动物了。很快，这个故事就变了样子：嫦娥变成了月亮仙女，还有玉兔为伴——然而月亮原本是西王母与她的猛虎的地盘。蟾蜍的部分也被保留下来，在古代壁画里成为月亮的象征。欧洲也有青蛙王子的传说，不知道是不是一脉相承呢？

鱼与太阳

　　考古学的仰韶文化最重要的遗存可以分为半坡类型和庙底沟类型，两者最常见的彩绘图案都是鱼纹，呼应了《山海经》所说的"氐人国，在建木西，其为人，人面而鱼身，无足"。看上去"氐人"就像是美人鱼，而半坡彩陶上的图案就是这种氐人的正面肖像，身体被挡住了，突出了面部。有一件彩绘可以看到人面两侧有两条小鱼，而在时代接近的四川大溪文化的墓葬里，也有将两条大鱼分别放在死者臀部两侧的习俗，显然与之一脉相承。《重修纬书集成》里有关于河伯的记载："有长人，白面鱼身。"这个"长人"从河里出来，自己说了句："吾河精也。"河伯的传说大约也是源自仰韶文化的。

　　根据郝懿行先生的考据，氏人就是古汉语中的"互人"，也就是《大荒西经》所记载的炎帝的孙子灵恝的子孙。《大荒西经》说这些互人都能飞上天（"上下于天"）。氏人一部分成为后来的中原"原住民"，一部分始终维持自己古老的生活形态，于是被归入少数民族，名为氏族。氏族的太阳神既符合半坡的彩绘，也跟《白虎通·五行》所说的炎帝是太阳的化身相符。炎帝的"伊耆"姓氏也跟氏人的"乞"姓音近。显然，"炎帝"的原型就是以太阳为化身的部落领袖，"炎帝"和"太阳神"也很接近。既然对火和太阳的崇拜是源自良渚文化的，还可以追溯到火神祝融，那么炎帝的原型是不是来自楚地呢？如果看看良渚文化的各方面在同时期考古发现中的领先地位，就不难猜测它对黄河流域产生的巨大影响。甚至有学者认为，鲧就是炎帝的原型呢！

　　陈梦家先生的考据似乎更合理。炎帝还有一名为"高阳"，就是高高的太阳。甲骨文里"唐"和"阳"非常接近，所以后来可能误传为"高唐"。"高"字又和"尧"字非常接近，所以后来就变成了"尧唐"。《汉书》又记载神话中的先帝尧的封地就在唐。那么尧与炎帝可能就是一个人了。后世的高唐这个地名应该就是因为炎帝的名字才出现的。只不过这次，从信息的先后逻辑来看，炎帝这个身份倒像是更可信的部落领袖，而尧则像是一位由炎帝误传而来的神话人物了。

羿射日的传说非常有名。根据神话诞生的规律，羿不可能真的射落太阳，而很可能是击败了以太阳为图腾的敌人，那么就是炎帝的部落了。炎帝的主要对手正是蚩尤，所以羿这个形象很可能来自马家窑文化所在的蚩尤部落。这不但符合马家窑文化善于造武器，以及游牧民族射术精良的特点，而且符合东汉武梁祠里持弓踏弩的蚩尤形象。《山海经》也说羿在昆仑，也就是马家窑文化和齐家文化的所在地。当时两个文化所对应的部落可能是共存的，所以神话记载他向西王母讨不死药才是合理的：他是蚩尤部落的成员，而非西王母的下属，所以才敢向西王母讨不死药。西王母是与蚩尤为敌的，那么这个行为还可能带有某种停战协议的性质。

考古发现大汶口文化在丧葬时有拔掉死者牙齿的习俗，并将空心陶球放入死者口中。《山海经》里记载有凿齿族，曾经与羿作战。这么说来，大汶口文化的居民也就和仰韶文化地区的部落一起，参与了对蚩尤的战争。夔这种动物就出自大汶口文化所在地，那么前文说的黄帝得到了夔的皮，做成鼓，也就合理了。不难猜测，这场战争不是短时间结束的，而是持久的部落争端，各地部落都有参加，这场战争显然促进了不同部落甚至敌对部落之间的融合。

但是，到了《淮南子》中，羿就变成了尧（炎帝）的部下，让他去射下九个太阳的命令也是尧下达的；而且在这个版本里，正是由于羿的功绩，尧才被推举为领袖。在这个记载里，羿的立场和我们从古早文献中得出的推论截然相反。只有一种可能，就是羿这个形象的原型是一位在远古时期非常著名的武士，而且是一位即便是敌对部落也会十分尊敬的对手，所以可能不同的部落都根据他的形象编织了故事。在后人心目中，正义的炎帝更应该拥有羿这样的部下，而蚩尤一方则只有共工这样的。这样的事情在当代文化里也继续发生，例如日本明治维新期间有一位十分著名的保守派杀手，传说名为拔刀斋，专门刺杀维新志士。大约是他勇猛的形象令人印象深刻，于是在平成时期的流行文化里，拔刀斋被塑造成了维新派的杀手，与保守派为敌，推动了时代的进步。这或许是胜利方纪念可敬对手的一种方式。

羊

马家窑文化对应蚩尤部落，而他们所代表的是经过帕米尔高原移民至甘肃青海一带的西部族群。与马家窑文化时间相近的印度北部以及巴基斯坦地区的哈拉帕文明的陶器与马家窑的陶器十分相似，可以看作同一西部族群移民到了不同地点所致。马家窑的墓葬中出土了许多羊的骨骼，也以羊为图腾，这符合游牧民族逐水草而居的特征。马家窑文化还出土了许多青铜制品，显示了早期制铜技术，而甘肃青海地区也盛产铜矿。《管子》等古籍中也都记载了蚩尤"以金作兵"，就是用铜质兵器武装自己。

仰韶文化庙底沟类型出土有披头散发的陶人，很可能是与马家窑文化接触的证据，因为披头散发是以蚩尤为代表的马家窑居民的特征，《后汉书》也有记载"羌胡披发左衽"。只不过，称呼当时的马家窑居民是"羌胡"有失偏颇，他们当时只是不同的部落，也是中华文明的一部分。仰韶文化半坡类型的彩陶里也有羊的形象，其描绘方法与哈拉帕文明中的羊几乎一致。看上去，蚩尤部落继续东进的计划被黄帝阻断了，他们大部分留在了原本的地方，成为后来的羌族。但早期的部落融合也没有结束，比如羊在后来也成为商文化的图腾之一，例如著名的四羊方尊。在欧洲的神话故事里，羊往往是邪恶一方比如恶魔的象征，或许也是源自对以羊为图腾的游牧民族的恐惧。

有趣的是，在中国，虽然有许多诞生于神话时代的动物图腾，但没有任何动物是固定与恶魔或者类似的反面形象有关的。或者说，中国的文化与神话里并没有与神相对立的恶魔，只有一些类似蚩尤、年怪这样的角色，它们既非绝对的恶，也不具备与任何代表天地自然之力的正面形象抗衡的能力。程颢在《二程遗书》中引用《孟子》解释过这一现象，他说："人生气禀，理有善恶，然不是性中元有此两物相对而生也……清浊虽不同，然不可以浊者不为水也。"① 意思是说，人性本来都是善的，就像水一样，而恶仅仅是浑浊的水。浑浊的水本来也是水，而不是与水相对的东西，所以恶是可以被包容、清洗、净化的，是由善而生的，善才是万物之本。仔细想来，孟子的这一善恶观，也并非他自己的创造，而是在中国古老的世界观里已经逐渐形成的东西：没有一种动物，没有一种符号，是纯粹的恶。

鹿

在史前艺术中，鹿的形象十分少见，而且常常容易与羊的形象混淆，难以确认。仰韶文化中的一些类似羊的形象有时也被认

---

① 朱熹、吕祖谦：《近思录》卷一，浙江古籍出版社，2017 年，第 5 页。

为鹿。更主要的发现是 2005 年在内蒙古赤峰市发现的"鹿王图"岩画，大概描绘于前 6000 年，应当与内蒙古敖汉旗的史前文化有关，是非常古早的鹿形象。画中有体型不一的十多只鹿，其中一只身材高大，被认为是鹿王。显然，"鹿王"这一名称可以在后世佛教题材"鹿王本生图"（也就是九色鹿的故事）中探索它的由来。当时的内蒙古可能是古老的游牧民的领地，这些游牧民可能有一部分发展为后来的塞西亚人，因为塞西亚人就有崇拜鹿的传统。他们也可能是后来的哈拉帕文明以及中国马家窑文化地区移民的先祖之一。这也可以解释为何哈拉帕以及更晚的古印度文明中都有鹿的形象，而九色鹿的故事也是随着印度佛教而诞生的。

根据成书于汉末的《三辅黄图》记载，有一种名为"飞廉"的神禽，身体像鹿，头像雀鸟，有角、蛇尾，纹如豹。注意，豹和凤在这里已经区分开了。这里的"飞廉"一般考据为秦人祖先蜚廉。飞廉的形象不仅包含了鹿和羊，还包含了豹和蛇，就像是炎帝部落和蚩尤部落的结合体。秦人的家园位于两者之间，受到两者影响，出现这样的神兽也是很自然的。而对于秦人来说，鹿本身已经够特别了，于是到秦王朝统一六国的时候，飞廉的形象早已变回了鹿本身，鹿的形象也随着著名的"秦砖"开始遍布全国。汉王朝的艺术里也继承了这个形象，并随着道教的发展和佛教的进入，逐渐成为后世宗教艺术里常见的神兽。

饕餮

神话动物"饕餮"最初是由《神异经》记载:"西南方有人焉,身多毛,头上戴豕,贪如狼恶,好自积财,而不食人谷,强者夺老弱者,畏强而击单,名曰饕餮。"可以看出,"饕餮"是一种身上多毛的"人",戴着头冠,喜欢抢夺财产,怕厉害的人,袭击落单的弱者。从这些描述来看,其似乎是原始人,或者猿猴一类的野兽。到了《左传》和《吕氏春秋》,饕餮才变成"四凶"(四种恶兽)之一的怪物,在那之前并无证据。可以说,与其他源自真实的动物形象相比,饕餮作为怪兽实际上是非常晚才出现的,是汉人发明的。

商代青铜器上的主体图案一般被认为是饕餮的形象,这就很奇怪了。原来这个说法最早源自《吕氏春秋·先识》:"周鼎著饕餮,有首无身,食人未咽,害及其身,以言报更也。"这就明白了:汉代学者为了证明"饕餮"这个形象的古老传统,说西周青铜器上的形象都是饕餮,后人一联系,说商代肯定也一样。原因嘛,青铜器是煮饭用的,而饕餮则是只有嘴巴,没有身体的怪物,只能不停地吃,对应了青铜器里放食物的用途。其实我们稍微想一想,青铜器,尤其是那些铸有"饕餮纹"的大型礼器,虽然是源于煮饭的器物,但在商代是国家权力的象征,也是祭祀先祖的礼器,是国家礼制和威仪的实体化。我们古代有那么多神兽,哪个都能庇佑子民，商周人又有什么理由把"四凶"之一的饕餮作为青铜器的图案呢？

那么那些青铜器上的图案是什么呢？它们更像是各种远古动物图腾的抽象变形，其中大多是前文提及的动物。它们变形后看上去美术风格一致，但仔细看形象都各不相同。具体是什么不重要，与其争论动物的原型，不如强调其形象化与符号化相结合的艺术手法。它们既保有可辨识的形象，又进行了结构化和象征化的处理，同时用卷云纹构成基本的图案单元。这一手法，我们从良渚文化的玉琮纹饰上就能找到。从商代青铜器开始，它的内容和手法都在不断进步，形成了早期王朝的信仰结构和权力结构的再现系统。我们如果把这么高超的艺术手法创作出的纹饰看作贪吃的恶兽，实在是有点说不过去。

商代青铜器上不仅有这类被称为"饕餮"的主体动物纹饰，在四足、肩部等位置还经常配有其他更加可辨识的动物形象，除了前文提及的动物，常见的还有兔（兔子的地位由"虎"误传而生）、猫头鹰（源于各类民间神话，典型的有被称为"鸮尊"的商代酒器，汉代墓葬中亦常见）、鸟（鸟兽一体，常见于青铜器足部）、蝉（起源于跟墓葬玉器有关的神话）、大象（起源于狩猎对象），以及综合了不同动物特征的虚构神兽（常见于晚商的青铜觥上）等。显然，这些形象配合各种独立的纹样和铭文，在青铜器中构成了一个神话和象征系统。这些动物形态的交汇不仅反映了在商周时期逐渐形成的中华大地各处原始文明的融合；也呼应了文字的成熟、思想的启蒙，以及王朝权力系统的形成。

到西周以后，青铜器上的动物形象逐渐趋于平面化，雕塑感减弱，纹饰趋于抽象和几何化。我们可以将其看作周王朝节俭与质朴风尚的体现，但在这之上，是一个国家的文字、思想和理智的逐渐成熟。只有善于抽象思考的文化，才不会在视觉上强调栩栩如生的形象，而是懂得用内敛的形态引发沉思。自然中的飞禽走兽、日月云海，以及它们赖以存在的广袤天地间的自然和它们所牵涉的迷宫般的神话传说，到此时已经深深地刻在了周王朝先民的精神内核里，不需要再以奇观的方式出现在眼前了。与这个过程相同步的，便是《周易》的诞生。

知识与概念复习

1. 本章节所分析的神话的演变过程和人物身份，是确实可靠、毋庸置疑的吗？

　　参考答案：并不是，本章所作的分析，仅仅是建立在现有考古发现和文献研究基础上的合理推测，依然只是推测，仅提示了神话和世界观的最初演变过程的复杂性。

2. "饕餮纹"是商周留下的文字所记载的，用于青铜器纹饰的可靠名称吗？

　　参考答案：并不是，饕餮这个贪食怪兽的形象是在汉代才定型的。

3.《史记》中的"三皇本纪"，是对史前人物及其事迹的忠实记载吗？

　　参考答案：并不是，《史记》中的"三皇本纪"将神话传说的内容纳入了历史的框架，是神话和史实的结合。另外，今天能看到的"三皇本纪"是唐代作者司马贞根据后世传说进行的补充，即便假设司马迁写过这部分内容，也很早就遗失了。

思考题

1. 如何通过远古神话演变的过程，理解史前及商周艺术的美学内涵？

2. 对古代艺术的审美是一个单一且封闭的过程，还是一个开放且综合的
   过程？

3. 思考这些远古神话在当代再次视觉化的种种可能性。

第三章

从商周到秦汉的美学与思想流变

先秦到两汉

商周美学的基本特点

我们先从一组作品来看看商周美学的脉络。这件晚商时期的青铜尊（图1）是肩部的动物形象和主体抽象图案的结合。动物形象似乎由羊而来，而抽象图案则以卷云纹为基本单元，整体图案能看出是由更早期的所谓"饕餮纹"演变而来的，但弱化了形象，强调了符号感。整件作品的纹饰凹凸对比强烈，有明显的浮雕感，与商代器物追求华丽的风格相符。图1中这件晚商器物也具有同样特点。

图1　兽面纹铜尊　商

高 47cm
1957 年安徽省阜南县月牙河出土
安徽博物院藏

图2　青铜簋　西周

高 30.4cm
铭文断年为前 825 年
洛杉矶县立艺术博物馆藏

图3　青铜簋　西周

高 30.4cm
铭文断年为前 825 年
洛杉矶县立艺术博物馆藏

这两件西周时代的青铜器（图2、图3）则质朴很多，图案更加抽象，更倾向符号化，相应的浮雕感也减弱了。一方面，这可能与西周统治者奉行节俭、注重民生的价值观有关。他们目睹了商王朝因为奢靡而覆灭，所以更加强调作为领导者的德行。如周文王等人，也在后世成为与尧舜并立的贤王典范。另一方面，形象的逐渐抽象化，以及纹饰的符号化与结构化，也体现了象征符号系统的发展，这一系统逐渐演变为文字。

从晚商开始，青铜器上逐渐出现文字（图4、图5）。西周青铜器上留下了丰富的文字遗产，且有着明显追求文字美感的努力。

图4 "禹"青铜鼎 西周晚期

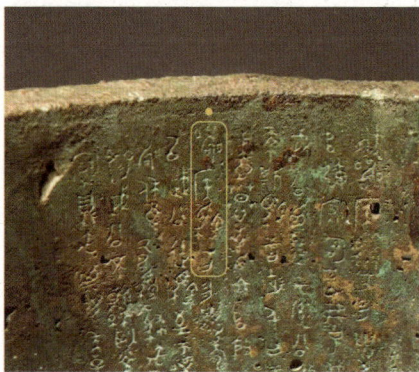

图5 "禹"青铜鼎铭文（局部）

高 54.6cm

中国国家博物馆藏

到了西周后期，则有了一种叫"大篆"的字体。这一般被认为是中国第一种统一的风格化的字体。春秋战国时期，大篆又衍生出鸟篆等更加独特的风格。晚商开始的对字体美感的认知，是抽象符号体系发展到成熟的文字阶段之后的产物。前一章提到的良渚文化的符号，还是以图像为基础的，显然还不具备这样的文字感。然而，我们也可以说，文字就是这样从早期图像的卷云、犄角、眼睛等图像化符号的缝隙中，从先古智者目光的凝视与恍惚中，逐渐形成的。

抛开文字的发展来看，从商到周的美学发展也是显而易见的：造型由华丽趋向简洁，动物等形象由具体趋向抽象，系统化的形

图 6　莲鹤方壶　春秋

高 122cm
故宫博物院藏

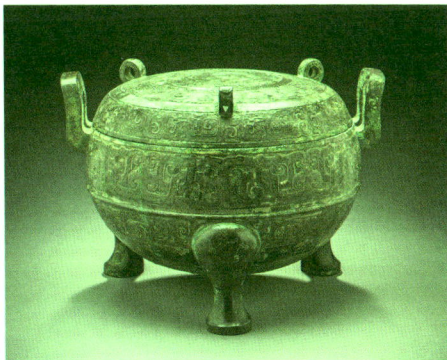

图 7　子母口铜鼎　东周

高 23.5cm
旧金山亚洲艺术博物馆藏

象演变为系统化的符号，反映出文字的成熟，以及其背后的世界观从神话体系到思想体系的转变。这一思想体系的形成是以《周易》为代表的。

　　春秋战国时期的青铜器在各地的风格不尽相同，其风格除了受各地文化影响，还会由不同诸侯国的国力以及领导人的个人兴趣来决定，总体上并没有超越商周的新风格诞生。有些作品有强烈的回归商代华丽视觉风格的倾向，例如出土于河南新郑的青铜壶（图 6）；有些则延续了西周的简约风格，例如李峪风格的子母口铜鼎（图 7），显露出内敛的庄严气象。到战国中后期，以抽象图案为主导的平面而结构化的风格更加常见，纹饰的线条与结

图 8　错银铜扁壶　战国

高 31.2cm

弗利尔美术馆藏

构之美也通过更加复杂的错金银等工艺得到强调，例如制作于前
4—前 3 世纪的错银铜扁壶（图 8）就是典型。更大型的器物，例
如著名的青铜编钟等，也以抽象纹饰和严谨的结构延续了西周的
美学。

　　从商到春秋战国，这些艺术品身上的形象与纹饰就像是无尽
的密码。关于这些密码"指向何方"，或者说它们所讲述（或暗示）
的具体内容，国内外学者在这方面已经有大量的研究；而如果要
了解这些纹饰"从何而来"，也就是它们所体现的美学与当时的思
想体系之间的关系，则要对《周易》进行全面的考察。本书在此

要解决的就是第二个问题。

《周易》的世界观与美学影响

在人类文明形成之初，学科分类的概念是不存在的，知识和思考都是在认识世界和实践过程中的经验总结，形成一个共存的、未被分类的整体。今天人们对远古部落的常见印象是每个部落都有一名巫师为首领服务，这个巫师负责所谓"超自然"的部分。实际上，最初的领袖和巫师角色常常由一个人扮演，而他所负责的内容也没有"自然"和"超自然"的划分。这位"巫师"掌握的是当时许多先进的自然知识和实用技术，比如农业、狩猎、制陶、纺织，或者铸铜，同时往往还拥有很强的作战能力或指挥能力，以及管理才能，因此才有能力领导部落。这样的全能领导者自然不多，而这样的领袖一旦出现，其部落就可以不断强大，其教导也可以影响后人，甚至成为一个稳定文明的基础。这样的部落领袖因此会被后人作为"神"来传颂，并发展出许多神话，就像我们在前一章看到的那样。

在那样的时代，自然规律和别的规律都被看作同一种天地之间的规律，而发现这些规律都需要抽象的思考能力，尤其是对规律的总结能力。比如第一个凭借经验"预测"出打雷之后会下雨的人，也可以被视作发现了一种规律，这种预测就是占卜的原型。在巫师们逐渐脱颖而出的时代，根据夏天的气候预测秋天的作物收成，发明新的工具，寻找驱除害虫和野兽的方法，治疗疾病，以及判断明天是否应该出门打仗，都需要遵循某种被发现的规律。这些都是广义上的占卜式的行为。实际上，广义上的占卜，也可以理解为对各类以可以实践的规律为基础的知识的发现。

对于当时部落里的大部分人来说，这些知识都同样的神秘，具备同样的神圣感的。在远古时代，与其说占卜是神秘的，不如说所有有规律的行为，都带有同样的神秘色彩。在今天，用牛顿定律计算出物体下落时间不再被视作占卜；用气象学预测天气不再被视作占卜；用化学手段检测物体的成分不会被视作占卜；用历史的规律去预测未来走势也不会被视作占卜；用医学手段诊断疾病更不会被视作占卜，只有用古代流传下来的具体筮法和占法进行的狭义上的占卜才是占卜。在上古时代，所有这些通过眼前的现象，来预见即将到来或者即将可见的现象的过程，都与狭义上的占卜是同源的，是基于同样世界观和同样经验的产物。

逐渐地，随着文明的发展，或者说随着知识的发现与实践，各种使用规律的行为开始被不断分类，这样的分类逐渐形成了后世所谓的不同学科。随着社会发展的需要，大部分知识都逐渐被大部分人掌握，并褪去了最初的神秘感。而其中一种无法被普及的，甚至难以被证实的知识，逐渐成为今天所说的"占卜"。

在《周易》成书之前，狭义上的占卜行为已经出现，由于它们与《周易》的世界观同源，所以影响了《周易》作为一本讲述世界观的思想著作的书写方式；而在那之后，由于《周易》的重要地位，《周易》又成为在之后狭义上的占卜方法的重要参考。战国时期出土的《筮法》，可以看作占卜用的工具书，它不像《周易》那样讲述各种世间情境，而是专注于卦位、卦序、卦象、占法、人的身体等与狭义上的占卜行为有直接关系的内容。《筮法》里所讲述的基本卦与《周易》呼应，而其他内容并不相符。这首先证明了《周易》不是一本占卜书，不然它完全可以像《筮法》那样直接地讲解占卜方法。战国《筮法》成书时间显然比《周易》更晚，体现了与《周易》同源世界观的不同分支的独立发展。《筮法》解决占卜的问题，就像《黄帝内经》解决医学问题那样，而《周易》则没有专注于任何具体问题，成为一本囊括了上述内容，并有着无限延展可能的思想著作。《周易》的重点不在于与它有关的占卜行为是否准确，而在于对后人的智慧启示本身。这就如同一个熟读各家历史并总结出深邃历史规律的人，也无法准确预知未来世界的走向，但这样的人依然具有历史给予的智慧。

《周易》的诞生不是为了狭义上的占卜，而是为了讲述某种涵盖了各种已知规律的、世界运行的方式，以及人的行为与这种运行方式之间的联系。它包含了人所能触及的物质、精神、生命、思想、社会、技术，以及其他类似概念所讲述的一切。简单来说，《周易》所讲述的就是"世界观"本身，是先古智者各种广义上的占卜知识与行为的总结，这是它如此重要的原因。

那么《周易》所讲的世界观究竟是怎么样的？我们面对的晦涩之处在于，《周易》并不是以百科全书和分类学的方式去对待"一切"的，而是以最具体的案例讲述抽象的原理。对于习惯了源自形而上学的概括式讲述的现代人来说，《周易》并不符合今天的世界观和逻辑。它所谈论的"原理"是十分陌生的。下面就先忽略后世的解释，根据《周易》原本流传下来的内容，看看它是如何讲述这个世界的。

《周易》有八个基本"卦"，每一卦由三个"爻"组成。爻有两种形态，分别是实线表示的"九（—）"和虚线表示的"六（--）"。这八个基本卦分别是乾（☰）、坤（☷）、震（☳）、艮（☶）、坎（☵）、离（☲）、巽（☴）、兑（☱）。它们可以理解为八种不同的基本事物，或者说基本情境。"九（—）"被后世称为"阳爻"，"六（--）"被后世称为"阴爻"，但在《周易》原文的卦辞和爻辞中是没有阴或阳的说法的。"九"与"六"强调的是一个观察者或者说感知者，也就是"我"的存在。爻所描述的，是"我"与不同事物之间的相对关系。

具体来说，爻的"九"表示在"我"与事物的相对关系中，事物处于相对强的地位。这里的强可能是位置更高，力量更大，更加坚硬，更远，更显著，更恒定……而爻的"六"则相反，表示与"我"相比，事物更低，更弱，更不可见，更安静，更短暂……"九"也可以是离"我"更远，或者在"我"上面，"六"则相反。爻也可以是事物与"我"的亲疏，比如"九"是"我"看得见的，那么"六"就是"我"看不见的……也可以是事物于"我"的动静、冷暖，甚至于生死等相对关系。在爻的归纳当中，没有事物是独立存在的，它们都与作为这个事物的观察者或者感知者的"我"息息相关。任何看上去"独立的整体"，都是由"我"与这个整体之间的关系来决定的。它们被后来的中国思想家称为"物"。简单来说，"物"是"'我'所面对，感知，或思索的一切对象"，而不是"一切对象"。

在《周易》的八个基本卦里，每一卦都由三个爻组成。三个爻共同构成了每一个事物的基本特质。这里的"特质"与亚里士多德以来的形而上学所说的事物的"内在性质"是完全不同的。它们不是事物内在的，而是在"我"与事物的相对关系中存在的。

根据爻的排列顺序，每一卦的三个爻都遵循由下而上的顺序来组合。比如，下方的爻处于时间上的开头，更早；或者方向上的下方，开头的部分；或者事物的基础部分……上方的爻则处于更晚的时间，或者方向上的更上，距离上的更远，或者事物的发展部分与最终的部分。例如"震（☳）"，就要理解为一个"九"出现在两个"六"之前；或者理解为由"九"开始，发展为"六"，并由"六"结束。上述原则具体应用到这八个基本卦里，则是下面这样的。

乾（☰）：三个"九"，描述了从头到尾完全的一致性，或者说恒定性，并且是一致高于"我"的。显著地具备此特征的，或者说"乾"所对应的代表性物质就是天。

坤（☷）：三个"六"，从头到尾完全的一致性，并且是一致低于"我"的。这里的低于"我"，当然也可以理解为"我"的基础或开头的部分。由此，坤所对应的代表性物质是地。

震（☳）：一个"九"作为两个"六"的开端。这意味着它从比我活跃的"九"开始，变为比"我"还要沉寂的"六"。于是震所对应的代表性物质是雷。

艮（☶）：与震的爻排列完全相反的一卦，是一个"九"在两个"六"的上方。处于开始与中间部分的是比"我"低的下沉的态势，而它在最高处（或最远处）变成了比"我"高的上升态势。这如同低平的地形最终高耸。由此，艮所对应的代表性物质是山。

坎（☵）：由"九"开始，成为"六"，再以"九"结束，可以看作一个"九"被上下两个"六"所包裹。中间的比"我"坚硬的部分被柔软的部分所包围。以柔软包裹坚硬，于是坎所对应的代表性物质是空气中的水汽。为什么坎是空气中的水汽，而不是空气本身？因为空气在每一个卦里都存在着，它是无处不在的。

离（☲）：与坎相反的一卦。一个"六"被上下两个"九"所包裹，也可以看作是某种东西开始于强势的"九"，发展成为弱势的"六"，最后再回归强势的"九"。有此特征的基本物质生于高温，表现为柔软，并最终在柔软的尽头散发高温的火。

巽（☴）：由"我"所看不见的"六"开始，变成两个我能看见的"九"，可以理解为越来越显著的变化过程。树木越来越茂盛地生长，而风开始于无形，但在吹动外物的过程中彰显自己。因此巽对应的代表性物质是木或者风。

兑（☱）：两层位于下方的，比"我"坚实的"九"，承载着位于上方的比"我"柔软的"六"。由此，兑所对应的代表性物质是汇聚在地表的水，或者汇聚在坚固容器里的水，比如湖泊、河流等，当然也可以是海洋。那么兑会不会是汇聚在水盆里的水呢？一般来说不会，因为"我"往往是比水盆更强大、更稳固的，那么水盆对"我"来说就不会是"九"了。

首先可以看出，每个基本卦的特征都是由三个"我与"对象之间的关系来描述的。老子在后来的《道德经》中提道"一生二，二生三，三生万物"，所谓"三生万物"就是源于此。"一"的逻辑是孤立的；"二"的逻辑是把万物放入两两相对的固定关系中思考，更加便捷实用，但不符合万物的原貌；"三"的逻辑则是把万物视作开放且不断变化的整体，且这个整体一直以"我"为基础，也是"我"进行内省的一面镜子。

其次，中国思想体系一直强调的"自然"，便由这八个基本卦确立了基本的面貌。如果说古希腊思想体系是以形而上的思考来演绎出某种纯粹的理念，为这个世界找到其发展的目的和原因，并由此找到真理，那么《周易》则明确指出，这个世界不能以纯粹理念来归纳，也没有必然的目的或原因。这个世界是一个循环往复、自成一体的整体。对这个整体的认知只能通过其间的现象，也就是自然所展现的以春夏秋冬、生老病死为代表的具体案例，以经验的方式来不断感知或体悟。这便是后世以自然为基础的思想方法，以及自然哲学的起点。

还需要注意的是，虽然《周易》的八个基本卦讲述了自然，但并不是说《周易》将自然概括为八种物质。它只是提供了八个体悟自然的参照点。我们可以将其简单理解为八条穿过森林的公路，而且这些道路是彼此相连的，每条路上能看到的风景都有所不同。但是，"我"能在森林中看到什么，发现什么，《周易》并没有说明，这些都取决于"我"自己，比如"我"在路边停留的时间，以及"我"远离道路深入林中的程度，还有"我"愿意观察什么，发现什么……如果"我"迷路了，就可以找到一条路继续前进。这趟旅程的终点也只能由"我"决定，因为这片森林就是"我"的生命体验的全部。

由此延续到第四个重点：我们还应该知道，这片森林也是为了"我"才存在的。这就像是，自然界本来不存在四季。四季是"我"为了认知自然的气候特点而采取的一种划分方式。它本来就是因为"我"的世界观才存在的。《周易》时刻在强调这一点："我"与对象（卦）是一体的，因此"我"与自然也是一体的。这就像"我"与秋天其实是一体的，因为没有任何秋天能脱离人类而独立存在。如果一只鸟会思考，它很可能不认为一年有四季，而是把一年分成五季，或者八季，或者它根本不在乎这种划分，那么也不会有"年"之类的概念。《周易》不会将自然作为一个孤立的东西去概括，也不会将自然作为一个切好的蛋糕放在"我"的面前。同样地，它也不会将每一个"我"作为孤立的个体去概括。《周易》是在引导"我"去认知自身存在的另一半，也就是自然，并意识到"我"自己与自然之间不可分割的关系。

上述八个基本卦的两两组合有二十八种，再把每种组合的上下位置互换考虑在内，就有五十六种组合，再让每个基本卦与自己组合，便又多出八种，加在一起就有了《周易》的"六十四卦"。所谓"卦"，在八个基本卦里，更强调基本的事物；而在六十四卦里，则更强调人所能见到或经历的各种世间情境。当然，在《周易》的世界观里，事物与情境并没有实际的区别，它们都是物。八卦与六十四卦，简单来说，就归纳了人在这个世界上所能感知与经历的一切，包括自己在内。

《周易》通过具体的卦辞和爻辞讲解了每一种情境的特点及发展变化的过程。其中包括自然物，比如"乾"或者"震"；还有自然的变化，比如"复"；人的境遇或家庭，比如"同人""家人"；国家和权力结构的发展，比如"夬"或者"贲"；人与人或者人与物之间的感应或情感，比如"咸"；万物之间的相互关系与作用，比如"益"或"损"；甚至还专门提到一样器物，就是"鼎"卦所讲解的鼎……每一卦包含六个爻，每一个爻则对应这些情境的不同阶段。六十四卦并没有总结世界的规律，也没有提供任何占卜的方法，也没有评判对错，而是通过六十四个相互联系的具体案例，为世间的无数情境提供了六十四个参照点，就像那片森林里的六十四条参照路径一样。

《周易》没有提供任何抽象的理念，因为"自然"就是具体现象的集合：每一个具体的现象都有其独特的意义，而且是无法被其他现象所代表或取代的。这些现象形成一个整体，但这个整体是无法被理念所概括的，只能从每一个现象中去理解。这六十四个参照点并非以归纳法将世界纳入一个封闭的、自圆其说的、形而上的理论或知识体系，而是提供了一条开放式的，以自然为参照，且基于经验和自我发现的认知世界的路径。这一逻辑形态或许有点晦涩，但一直影响着宋代心学和理学，且至今仍具有不可取代的价值。如果以欧洲哲学的框架去类比，那么《周易》显然是与以约翰·洛克为代表的经验主义一脉有关的。在约翰·洛克之后的思想里，非常接近这一逻辑形态，且从欧洲哲学体系进行论述的学说有 C.S. 皮尔斯（C. S. Peirce）的逻辑学和海德格尔的现象学。

从视觉或美学的角度来说，《周易》奠定了一个基础逻辑，即以抽象的视觉指引具体现象或具体事情的发展过程。这与以形而上学为基础的至今常见的象征系统是相反的。一般来说，人们习惯于以具体的形象来象征抽象的理念，比如以白鸽象征和平，以天平象征公正，以宝剑象征正义；人们也习惯于以抽象的符号来指代具体的理念，比如以国旗表示国家，以红灯表示停止等。但是，《周易》的逻辑是以抽象符号讲述一件事的前前后后，比如以"家人"卦的六爻来讲述："家庭是避风港，而家人终究是要离散的，因为每个人都要成为自己，'我'常常以自己的判断去要求自己的晚辈，因为'我'很难真正体会到自然地爱一个自由之人的状态，如果'我'体会到了这一点,'我'就离兼爱天下的圣贤又进了一步,'我'的家人也会更加幸福……"由此可见,每一卦要讲的东西是具体的、难以概括的。它们不是一个简单的理念,也不是一个故事,而是一件与"我"有关的事情的发展及其特点本身。

商周以来的器物纹饰也有同样的逻辑:它们在讲述一个国家或者一个统治者的故事,讲述他们的祖先、由来、责任,或者某个具体的故事,但它们没有去象征任何抽象、简洁的理念。这也是为何今天涉及商周器物纹饰的研究都非常难以获得确定结论的原因。这与古希腊艺术截然不同,比如古希腊的一尊智慧女神雕塑,就是以具体的形象让人想象智慧女神的存在与庇佑,让人知晓智慧女神所代表的智慧;一枚印有统治者头像的钱币,就以统治者的形象象征了国家的力量与财富。回过头看中国先秦时期的钱币,我们至今不知道那些晦涩的符号和造型在讲述些什么,我们甚至都不知道卷云纹究竟源自哪里。它们如此沉默不语,就像历史的迷雾本身。

这也成为中国的早期艺术品往往具有鲜明的等级制度的缘由之一。这些器物包含着某种需要阅读的秘密。只有对天下百姓负有责任的,有着与自然之心相呼应的高尚心灵的领导者,才有能力和必要去领会。在一个无法领会其内涵的观者眼中,这些器物就"消失"了。因此,这样的视觉系统也一定是以内省为基础的,因为它就像《周易》一样，在最基础的单元里确立了"我"的不可或缺的地位。从视觉原理的角度来说，这种视觉是以激发人的内在感应而非理念为基础的。了解了这一切，就不难理解商周艺术当中的结构：这种结构源自人与自然的一体与互动。这些器物或图案都在提醒观者需要将自己放在天地之间，作为自然的一部分去观看它们。

在商周的艺术里，没有任何一个人的形象是重要的，任何具体的形象都不会出现在任何地方，因为每个人都是自然的一部分，那么一个伟大的统治者一定与天地融为一体。于是，我们就能理解为何商周器物上只有纹理与动物，而没有人物。这并非工匠们缺乏必要的技法，而是他们有着更重要的、需要被后人看见的东西。在他们看来，后人不需要知道自己的英雄事迹，他们只需要知道，后人与前人永远可以通过对自然的感悟紧密相连。于是，这些历史的迷雾又成了答案本身。

"结构化"美学在汉代的转变

在谈论"结构"的转变之前，我们首先很容易发现汉代艺术与先秦艺术的不同之处。在谈论这些不同之处之前，我们还是要牢记一点：对先秦与汉代艺术的研究所依据的主要是考古发现，那么我们所得出的任何结论都是基于目前的发现的。这需要我们在判断远古的任何事情之前都保持谨慎的态度：如果哪一天有了足以推翻这些结论的发现，那自然是一件非常值得高兴的事情。

代表性的汉代绘画在画像砖石上随处可见。例如沈府君墓石阙的浮雕，与商周艺术非常不同，首先，有了非常具体的、叙事性的场景；其次，有了丰富的人物形象；最后，那些晦涩的卷云纹或者饕餮图案也都消失不见了。视觉信息变得可读起来，这些场景与形象往往以规则甚至对称的方式，遵照某种规范来排列。这些规范不再像商周艺术所表现的世界观那样晦涩，而是非常明晰的宇宙天地的秩序、人的等级身份等。这些特征更容易让我们想起古埃及的艺术，而不是商周的艺术。

另外，其中的人物或动物形象与其说是再现性的，不如说是范式化的。它们以剪影的方式，凸显一种经过概括与简化的、由边缘线所代表的造型技巧本身所带来的美感，而不是栩栩如生的美感。汉代典型的人俑也是如此：其简洁的整体结构和边缘轮廓的美感要远远大于其写实的功能。在这一点上，汉代艺术家显然继承了商周那种天马行空的造型能力，并且同样也与古埃及艺术家达成了某种共识。

图 9　镀锡青铜虎形饰　战国

长 8.5cm

私人珍藏

　　这些特征的确在春秋战国时期有着可以追溯的外来影响的痕迹。例如战国时出现了一些源自塞西亚民族风格的装饰物，尤其是被称为"鄂尔多斯式"的透雕的镀锡青铜虎形饰（图 9），刻画的是以颇具平面装饰性的浅浮雕构成的简单场景。还有一种源自古埃及和古波斯的叙事结构的浅浮雕图案，通常描绘狩猎或战争场景。例如在战国晚期的狩猎纹铜壶（图 10、图 11）上，狩猎场景就与卷云纹饰交错排列，组成半抽象半叙事的整体结构，与更早期的中国本地艺术并无关联。这些叙事性的浅浮雕和"鄂尔多斯式"浅浮雕饰物的风格很可能都是由早期的西域移民带来的，西域移民带来的这种风格影响了从先秦艺术到汉代艺术的过渡时期的风格。在这尊铜壶身上，我们已经能够看到汉代墓葬壁画的典型特征：剪影式的人物形象、叙事性的场景，以及规则的图像排列方式。

图 10 青铜狩猎纹壶 春秋晚期

高 39.4cm 口径 12.2cm
美国旧金山亚洲艺术博物馆藏

图 11 青铜狩猎纹壶（局部） 春秋
晚期

美国旧金山亚洲艺术博物馆藏

　　除了汉代画像砖石这些最显著的变化，汉代艺术也对某种程度的再现手法展现出了兴趣，这与汉代人对表现人物身份的热情相呼应。这种热情违背了商周的美学初衷，源自人性难以避免的自我表现的欲望，也体现了艺术逐渐进入世俗生活和世俗人群的趋势。这就像文艺复兴后期的绘画那样：原本只能用来表现神明的艺术，也逐渐用来记录普通人的面貌与生活了。在保存至今的西汉八里台墓室壁画（图 12、图 13）中，我们能看到鲜明的人物形象，线描和直接而微妙的笔触处理，以及平面化的构成方式，这幅壁画可以看作后世中国人物绘画先驱。

少有比它更早的人物绘画——湖南楚墓出土的一幅战国时期的《人物夔凤帛画》（图14）是难得的参考。从此图可以看到一个女性形象完全平面的侧影。一般来说，她被认为是墓主人的形象。但从绘画手法来说，她不像是任何具体的人物，而是与位于她上方的神兽形象一起，共同作为类似图腾般的图案而存在的。这一美学手法显然与青铜器上的动物图案有着更紧密的联系，而远离汉代世俗化的表现方式。我们甚至可以猜测这个女性形象的身姿与服装的线条是直接由某些抽象的图案演变而来的。到了汉代之后，人物形象显然就不再是图腾般的符号了，他们虽然不够逼真，但却是具体的、有着明确原型的现实人物。

西汉八里台墓室壁画的内容让我们想起典型的汉代画像砖、画像石上的场景，看起来只要有机会以更细腻的绘画方式来表现，汉代的先人们还是喜欢让画面更加清楚一点。这幅绘画似乎还有着更加复杂的背景处理，与墙面的斑驳痕迹交织在一起。显然，当时的画家还不具备让人物身处风景中的能力，人物是漂浮在前景中的，就像画像砖、画像石上的形象漂浮于砖石上那样。画家们可能根本不认为这是个问题，因为这些作品的基本创作逻辑与画像砖石是一致的：不同形象的组合与关系，以及它们对结构的服从，显然比它们所要再现的真实场景更加重要。

图 12　八里台墓室山
墙楣额　西汉

73.3cm×240.7cm
波士顿美术博物馆藏

图 13　八里台墓室山
墙楣额壁画　西汉

波士顿美术博物馆藏

图 14　人物夔凤帛画　战国

31cm×22.5cm
湖南博物院藏

不难发现，当我们这时再提到结构时，所说的已经不再是商周时期那种晦涩而内省的结构，而是一种与古埃及艺术非常相似的外化的结构。这种结构从基本逻辑来说，与敦煌的大部分宗教绘画，甚至与米开朗琪罗的西斯廷教堂天顶壁画，都没有根本的区别。它们都是将人物形象置于一个更大的结构当中，并服从这一结构。米开朗琪罗所歌颂的结构是上帝创造的世界规则，而汉代艺术所强调的结构则是天地、人文之间的规则与秩序，是源自汉帝国的意识形态的。从这时开始，在汉代艺术的视觉逻辑里，人与自然之间不再是共存的关系，而是服从与被服从的关系。"自然"与"我"不再是彼此的另一部分，"自然"成了"我"必须服从的规则。这一变化也是与《周易》在汉代发生的变化相呼应的。

《周易》在汉代的流变

秦汉时代不仅是中国成为统一的帝国王朝的开始，也是中国形成自觉的统一文化身份的开始。与任何帝国的开端一样，其过程不仅包括国家疆域与权力的统一，还包括神话的整理与塑造、历史的追溯与书写，以及统一的意识形态和文化的形成。美学系统的形成则可以看作这些过程的再现或结果，而对《周易》的解释过程则贯穿始终。

最早解释《周易》的著作被统称为"易传"，包括《彖》《象》《文言》《系辞》《说卦》《序卦》《杂卦》七部，共十篇。它们也被称为"十翼"。与之相对的，《周易》的原文，也就是卦辞和爻辞，则被称为"经"。《易传》内容大部分含有汉代儒家的世界观，以及明显出自汉儒立场的规训倾向。这些内容显然不是像司马迁所说的那样由孔子所作。后世各类考据也认为，《易传》内容基本是秦汉之后完成的，最早也在战国后期。今人对《周易》的很多误解就是由它们带来的。

首先，根据《易传》的内容，尤其是其中《系辞》的内容，后世常常把《周易》和阴阳联系在一起，似乎它们的关系是古已有之的，是不言自明的。事实并非如此，阴阳与道之间的关系并不是自古就有的。这方面可以考据的文字一般追溯到春秋时期老子的《道德经》。与读者历来被史学家灌输的印象不同，《道德经》中只出现了一次"阴"字和一次"阳"字，就是这句："道生一，一生二，二生三，三生万物。万物负阴而抱阳，冲气以为和。人之所恶，唯孤、寡、不谷，而王公以为称。故物或损之而益，或益之而损。"这段话出现在《道德经》第四十二章，主要讲万事万物的整体联系和损益关系。其中的"万物负阴而抱阳，冲气以为和"常常被解释为"道包含阴阳，并在平衡中产生和谐"，这显然是后世的强行解读。如果真要讲道包含阴阳，这么重要的事情，怎么会仅仅在第四十二章冒出一句似是而非的话？

这句话的真正意思是：万物都由道所生，所以万物的好恶都是相通的，"负阴而抱阳"只是对万物具有相通好恶的举例，就像植物都喜欢向阳的地方，不喜欢背阴的地方。这里的"阴阳"用的是"背阴"与"向阳"的本意，没有任何世界观层面的暗示。苏辙也解释说："虽有万不同，而莫不负阴抱阳，冲气以为和者，盖物生于三，而三生于一，理之自然也。"（苏辙《道德经解》），意思是：万物本性相通，因为都同源于道，而道以三生万物，万物都在一体的关系中。如此就衔接下文：万物的损益也都是一体的，所以人也应该向万物学习，不能只求好处，因为一个人好处太多就会带来整体的坏处，只求好处的人是没有看到万物的一体性。接下来，老子在这里举了王公以"孤""寡"这类谦称自损的例子，指出有智慧者往往懂得让自己承担损失，以求有利于他人。这与《周易》当中的"损"和"益"两卦的讲解相呼应：损下益上谓之损，损上益下谓之益。《周易》的意思是，就像植物，能让它的根部获益才是真的好；从社会的层面来看，让广大民众获益才是真的益。如果让民众损失，让位高者获益，则是"损"。不难看出，老子对《周易》的引用也是基于其世界观当中的智慧。

"阴阳"思想成为学说，成为对"道"的理解方式，是从战国后期以邹衍为代表的"阴阳家"所提出"阴阳"和"五行"学说开始的。在他之前，没有任何先秦大儒，没有任何可考的文献或学说将"阴阳"作为一种世界观或基本逻辑。可见的文字比如《诗

经》中有"笃公刘，既溥既长。既景乃冈，相其阴阳，观其流泉"，
这里的"阴阳"指山南山北，用的也是"阴阳"的原意。有关"五
行"的文字更是没有出现过。有关这点，梁启超已经考据得很明确：
"春秋战国以前所谓'阴阳'，所谓'五行'，其语甚希见，其义极
平淡。且此二事从未尝并为一谈。诸经及孔老墨孟荀韩诸大哲皆
未尝齿及。然则造此邪说以惑世诬民者，谁耶？其始盖起于燕齐
方士，而其建设之，传播之，宜负罪责者三人焉：曰邹衍，曰董
仲舒，曰刘向。"[①]

　　梁启超不仅指出"阴阳五行"并非任何"中华民族自古有之
的神秘智慧"，还指出它的源起是燕国和齐国的本地方术。根据胡
适的研究和《史记·封禅书》的记载，燕齐地方有基于男女日月
的阴阳崇拜。齐国人邹衍正是根据这些民间迷信发展出阴阳学说，
之后到了汉代经由董仲舒和刘向推而广之。阴阳家的学说之所以
能流行，是因为它将阴阳五行与一统天下的治国之术联系在一起，
不仅有逻辑、权谋，还融合了占卜、神仙方术等用神秘力量辅助
统治者"生大业"的学说。它提供了一套最容易被大众理解、最
容易推广的世界观，而且这套二元对立的地位关系，比如男尊女卑、
天尊地卑，特别有利于确定社会秩序和统治者的合法性。邹衍提

①　梁启超：《阴阳五行说之来历》，《饮冰室文集》卷六十七，
民国十五年中华书局排印本。

出的"五德始终"还结合了这一系列需求，成为后世统治者纷纷效仿的治国神学。当时的齐宣王和齐闵王有统一中国的愿望，所以大力支持邹衍的学说，让阴阳家成为政治色彩浓厚的齐学正统。

战国时代群雄割据，各国各王为了树立自身的合法性，都自称是继承了商周血脉的"中国"统治者，是一个强调正统的时代。相应地，各家学者也都有此倾向。"阴阳家"虽然深得上心，却也不能将创立学说的功劳据为己有，更不能讲明是来自民间方术，这样会让学说显得不够可信。于是，他们拉出了黄帝这位传说中的神一般的祖先，以及老子这位几百年前的春秋智者。把"阴阳"学说归到他们名下，自己便"师出有名"了。这成为实际上肇始于阴阳家的"黄老家言"，也就是后世所说的"黄老之学"得以普及的关键。黄老二人本身与这些学说没有丝毫关系，但很多出自战国晚期的相关书籍都假借他们的名字，令黄老二人成了后世无关学说的代言。从战国后期开始，春秋和上古时代的很多学说，都被后世以符合自己需要的方式重新解释甚至篡改了。在这个过程里，《周易》当中用来标注"六"和"九"两种爻的符号成了阴阳家发挥的对象，被解释为"阴爻"和"阳爻"。《周易》也就被"阴阳学"认作自己的起源了。邹衍们的理论随之成为正统，而《周易》本身的内容则被抛在一旁了。

汉代是中国历史上第一个稳固的大一统帝国。在当时，佛教还没有传入中国，对后世中国有所影响的基督教和道教实际上还没有诞生。虽然老庄被认为道教创始人，但这一身份也是被后世道教追认的。老庄仅仅提出了有关"道"的思想，却没有创立任何以"道"为名义的宗教团体或体系，其内容也与后世道教大相径庭。孔子的儒家思想在那时候是有的，但在战国后期"黄老家言"的冲击下，孔子几乎要被人忘记了。在这样的情况下，汉代以董仲舒为首的学者意识到统一的意识形态对帝国的重要性，就像罗马帝国需要基督教一样。在当时的背景下，齐国阴阳家的思想最适合大一统帝国，在秦汉之前也借助"黄老家言"形成了广泛的基础。但是，在董仲舒和刘向他们看来，邹衍毕竟是战国人，没有春秋思想家显得脉络深远。直接把"黄老家言"和老子选为正统，又等于变相承认了齐国以及邹衍学生们的合法地位，对汉帝国不利。选来选去，远离现世的孔子和他的"儒家"被公认为最适合作为思想偶像进行神话。一方面，孔子的学说并没有被春秋战国时期的任何国家立为正统，他的学生们在那时候也已经泯然世间了；另一方面，之前的秦帝国也有同样的打算，只是没来得及实施就灭亡了，这也给了董仲舒他们一个参照。

于是，以董仲舒为首的汉儒们的毕生事业，就是综合先秦的阴阳家、法家、道家、儒家的思想，拼凑出一套适应帝国意识形态的"大一统"学说，并且把其中大部重要学说都归结到孔子名下，实行"推明孔氏，抑黜百家"策略。这时候，孔子和他的儒家思想只不过是一个偶像化的空壳，里面的内容很多不是出自他本人，而是融合各家，并经过了董仲舒们的再加工。这种借前人之口表述自己观点的策略，就是从"黄老家言"的普及过程中来的。汉代的儒家实际上是一种为了汉帝国的统治而创造出来的，和先秦的儒家思想已经不是一回事了。从那时候开始，黄老二人的学说又成了儒家正统的注脚，而儒家也因为并入其中的神秘化黄老学说而具备了宗教般的力量。而孔子这位连"阴阳"都没听说过的老先生，也凭空成了汉代儒家文献里最重要的"往圣"。

《易传》的编修就是在这样的背景下开始的。《易传》中的《系辞》影响最为深远，人们今天对《周易》的认知也常常是以《系辞》为基础的。《系辞》第一章便指出"天尊地卑"；第二章则直接把《周易》定义为设卦观吉凶的工具；第五章开头一句加入了阴阳家的学说，提出"一阴一阳之谓道"。这些说法在那之前都是闻所未闻的。《系辞》对《周易》影响最大的是第十一章的这一句："是故《易》有太极，是生两仪。两仪生四象。四象生八卦。八卦定吉凶，吉凶生大业。"这句在后世不仅被作为《周易》的起源，也成为后世中国思想以"阴阳"为基础的世界观的依据。其中"太极生两仪，两仪生四象"是要确立"阴阳"学说，把《周易》作为"阴阳"的起源。"八卦定吉凶，吉凶生大业"，则是沿用了阴阳家的策略，把《周易》变成了与神仙方术相同的一种供统治者为一己之私而使用的神秘工具，或者说把《周易》变成了神仙方术的起源和代言。

《系辞》的逻辑很明确：读者需要知道天地、尊卑、男女、长幼的规矩，需要知道"一阴一阳就是道"，需要知道《周易》是基于"阴阳"世界观而创造的占卜工具，需要知道连"最正统"的孔子都喜欢《周易》。

从《系辞》开始，《周易》当中的"阴阳"还有了更加玄妙的起源。《系辞》有"河出图，洛出书，圣人则之"这句话。古代"图"指地图，"书"指文字，今天的文字和地图都是大众可以随意获取的，但在上古时代，文字和地图是最高权力者才能掌握的东西，也就成了权力和责任的象征。"河"指黄河，"洛"指洛水，是权力所在的地方。这句话的原意就是洛阳那里是地图和文字诞生的地方。这可以理解为在描述一个国家的面貌逐渐形成，是在为大一统的汉帝国溯源。但不知从什么时候开始，对这句话的解释变成了如下内容：在神话人物伏羲的时代，有龙马背着"河图"自黄河而出，神龟背着"洛书"从洛水浮现，"河图"和"洛书"上面是神秘的符号，这些符号指明了"阴阳"的规律和八卦的结构，伏羲则根据这些符号创立了以阴阳为基础的八卦，而后才有了周文王的《周易》。从此，"阴阳"学说就不仅仅是源自《周易》，还成了《周易》之前的神迹。

这一过程完全重塑了《周易》的世界观，使之从一个强调个体与自然世界之关系的、以内省为基础的世界观，变成了一种基于天地阴阳之外在结构，而人需要去服从这一结构的世界观。对《周易》思想的再一次重新发现，则要等到宋代的新儒家思想体系的完善。从今天的角度去看，我们既要保持怀疑和批判的眼光，同时也要认识到这些都是中国思想体系发展的必然过程，这对汉代社会各方面的发展都起到了积极作用。最重要的是，我们可以完全理解从商周到汉代的美学转变，也是与这种从内在结构到外在结构的世界观转变，以及它们所能触发的想象相关联的。这种想象，可以说是浪漫的，但也是严谨的。它们立足于人与自然的漫长而丰富的互动经验，以及人由此在自然中找到身心归宿那一刻的完满与妍美的心灵景象。这是中国后世一切与"传统"有关的文化符号与身份认知的起点。

知识与概念复习

1. 从整体来说，周代的青铜器造型比商代的更加简洁，是否是因为周人
   更推崇节俭的缘故？

   参考答案：推崇节俭或许是原因之一，更重要的原因是周人发展
   出了更加复杂和系统化的象征体系，这种象征体系是后世美学创造的
   基础。

2. 《周易》是否在一开始就是一本用于占卜的书？

   参考答案：并非如此，《周易》在最初更接近一部描述万物运行
   及其规律的"百科全书"，也是中国美学脉络中视觉想象的基础。

3. 汉王朝是否某种当时既有的中国"传统思想"的产物？

   参考答案：并非如此，汉王朝实际上是许多后人眼中的"传统思想"
   的起点。传统并非某种一直存在的形而上脉络，而是不断被创造和改
   变的。

思考题

1. 《周易》所讲述的世界观可以用当代的视觉方式重新呈现吗？

2. 古希腊人所说的"自然"，《周易》原文中的"自然"，以及汉代世界观中的"自然"，它们有什么区别？哪一个与后世经验主义中的"自然"更为接近？它们分别影响了哪些古代艺术创作？

3. 尝试梳理自己看待"自然"的方式。

第四章

中国美学传统的形成

魏晋南北朝时期

结构与再现的碰撞

任何艺术创造，无论抽象或具体，都与现实中的人物、动物、自然景象等感官素材有着或多或少的联系。当艺术创作以再现这些感官素材的外形特征，在绘画中提供模拟人眼视觉的空间感、体积感及真实感，在雕塑中提供逼真的造型和观感为第一要务时，我们就可以称之为"再现性艺术"。这样的艺术在古代一般以古希腊的雕塑和庞贝壁画等案例为代表，以经典的欧洲古典油画为高峰。与之相对的，古埃及的艺术，或者中国商周以及汉代的艺术，都更少地具备这样的再现性特征，而更多具备象征性（也可以称"符号性"），以及结构性的特征。为什么要称为"再现"，而非"写实"或者"具象"？因为"再现"是一个适合用来谈论古代艺术的美学形容，欧洲从现代艺术开始，已经基本抛弃了再现性的美学，但写实或者具象依然适用：对今天的艺术来说，写实艺术或具象艺术不一定是再现性的艺术，但再现性的艺术一定是写实且具象的，而且一定是与古典有关的。

对于古代艺术来说，再现与结构的区别也更明确。比如中国或古埃及的艺术绝非不追求任何写实效果，至少我们能从中轻易辨认出人物与动物形象，是具有一定写实性的，但这些写实效果

图 1　秦始皇陵兵马俑　秦

秦始皇兵马俑博物馆藏

图 2　汉代阳陵裸体俑　汉

汉景帝阳陵博物院藏

并不是服从再现的功能，而是要服从于对某种以世界观为基础的精神秩序的表现的。上一章就对这种精神秩序的形成与演变进行了说明。我们也可以说，在中国先秦到汉代的艺术里，一种结构性的美学要求是凌驾于再现性的美学之上的。但要谈论它们是否写实，答案就变得模糊了。

　　中国先秦至汉代的艺术里，除了少量雕塑和绘画作品让我们看到某种程度的对再现性技法的掌握，严格意义上的再现性创作也曾经出现，其中最具代表性的就是秦始皇陵兵马俑（图 1）的面部刻画，以及汉代阳陵裸体俑（图 2）的面部刻画。这两处人俑的面部造型并非自战国以来常见的结构化处理，而是如实反映

图 3　塑衣式彩绘跽坐侍女俑　汉

汉景帝阳陵博物院藏

了中国陕西到中原一带的北方人的不同面部特征，这些特征至今可以在当地人身上看到。这说明当时的再现技术并非对任何模板的复制，而是成熟到可以根据创作需要和不同面部案例发挥的。由于这样的创作在中国未见更早的案例，我们可以推测，这是最早由亚历山大东征扩展开来的希腊化的再现性技法，通过早期商贸和人员交流进入了中国。

　　更重要的是，这样的创作在汉代也未见推广。汉代墓葬中常见人俑，但人物面部基本采用统一的格式化造型，虽符合汉朝人的基本特征，但并未针对不同人物特征引入再现技法。以典型的汉代侍女俑（图3）造型为例，面部造型是采用模具批量生产，同时由表面彩绘赋予微妙的区别。其身体也是汉代典型的结构性造型的立体化，可以看出其服装反映了基本的时代特征，但其造型也更加突出结构性的美感，而非任何基于再现倾向的刻画。

那么，再现性技法在秦汉昙花一现，究竟具备怎样的价值呢？任何视觉系统要成为自觉的美学传统，都需要一个自我确认的过程。就像任何确认自我的过程一样，美学传统的塑造需要与外来系统的交汇才能完成。再现性技法的出现就体现了这种交汇的时刻。只有在交汇时刻的选择中，才能激发对"自我"身份与特点的确认，就像婴儿需要在触摸外界的过程中完成对自我边界的认知，或者人生需要在不断的选择中确立自我一样。在选择的过程中，中国的艺术吸收了同样源自结构化美学的叙事手法，而放弃了再现手法。这是一个"我有充分的条件，可以掌握这个技法，但我在尝试后明白了自己不需要"的过程，由此，中国的艺术建立了对自身美学的自觉性认知。所谓"自觉性"，并非来自不知情的被动接受，而是在充分的选择中建立的。秦汉时期的结构化美学，就是在这种选择中确立的。

进入南北朝时期，随着道教的发展，佛教进入中国，以及民族融合和不同思想潮流的碰撞，这种自觉性得到了进一步加强，并最终形成了后世所说的中国美学传统。

南北朝时期的思想狂潮

在 3 世纪到 6 世纪的魏晋南北朝时期，中国经历了空前的分裂与战乱。首先是汉末至三国时代的战乱令人口锐减，西晋（265—316）的人口密度无法实际覆盖北方各地的领土，导致以匈奴、鲜卑、羯、氐、羌为代表的少数民族南迁，历史上将其称为"五胡乱华"。这并非任何有组织的军事入侵行动，也不是"五胡"蓄意要给中华带来混乱，而是人口自然迁徙过程中导致的冲突和由此带来的权力与社会结构重组。东晋王朝（317—420）退守长江流域，放弃了黄河流域大片领土。中国北方则进入不同民族各自为政，吞并战争此起彼伏的十六国时期。最终在 439 年本来最为弱小的，由鲜卑人建立的魏（史称"北魏"）统一了北方，结束了这一局面。与此同时，中国南方在东晋之后由宋、齐、梁、陈四朝（420—589）先后接管，直到由杨坚在北方建立的隋王朝统一了全国。

在这个从 3 世纪持续到 6 世纪末的大动荡时代，充满战争与死亡的现实，与汉代丰富的精神遗产和新的外来影响结合在一起，在残酷乱世中激发了自我意识的觉醒，以及由此而来的在思想、文学、艺术，直至政体和民族身份等各方面的狂热创造力。南朝贵族发展出系统性的美学思想，在文学、绘画、书法等方面奠定了后世美学的基础。这一切都以道教和佛教的发展为基础，并伴随着对汉代儒家思想之束缚的打破。

　　南方自东晋以来的各朝以汉代贵族为基础，继承了所谓的"正统"。这一"正统"往往限于贵族的自我认知，而非任何改变现状，收复故土的动力，也并非任何对儒家的尊重。

　　儒家强调大一统和个人之于国家的责任；而道教不认为个人对国家负有任何责任，这恰好符合南朝贵族的自我认知。道家修行的逻辑基础是："人"是与万物相同的自然造化，因此不论其阶层和思想，先天的高贵与高尚。这种高尚并非源自任何理论论证，也不遵循任何预设的德行标准，而是人本来就与天地间最普遍的力量和规律联系在一起，并可以通过自身的经验和实践（修行与日常）发现这种联系，把自己提升到新的境界。这也成为后世许多神怪故事的基础：在成仙的人的之外，还会有成仙的动物甚至植物，是因为人与万物本来就相通，并享有同样的被道教称为"道"的东西。

　　从人的角度来说，"道"可以理解为人在自然界当中的一切经验的汇总，这些经验的产生都源于人自身的行为，《周易》与《道德经》则是其描述方式的代表。如果说道教给了人们任何信念，就是确认了人作为人是有尊严的。这种尊严被万物平等地享有，而人与万物一样，一切权利和命运都是由自然赋予的。因此，人是自由的，不仅不必屈从于汉儒所强调的皇权，而且个人在"道"当中是可以变得高贵而非卑微的。这种高贵并非对天堂或来世的许诺，而是对当下生命的肯定。虽然我们常常认为南朝的贵族是自私且避世的，但从人类思想的发展史来看，道教所强调的这种个人化的独立与自由是有着极其深远且积极的意义的。

到了魏晋南北朝时期，在佛教开始流行于南方之前，东晋的贵族们与道教的超然、自我中心天然地联系在一起。道教对"成仙"的承诺并非神对人类苦难的补偿，也并非对个人之于国家或教会等机构的忠诚行为的奖赏，不是人类对罪过的救赎，而是人类对自己的成就，是自然之"道"对个人修行和自我发现的肯定。这种肯定与现实中的任何责任或行动无关。这给了魏晋时代的人，尤其是具有现实便利的贵族，根据自己的意愿来塑造个人德行的机会。这一思想首先在东晋贵族身上变得根深蒂固。然后成为那个时代的风气，并且以先秦思想中不曾见的方式专注于"人"本身。

贵族们在这样的思潮下也继承了儒教的民本主义，并进一步确定了自身与普通民众的平等——这种平等并非身份和地位的，而是作为人的平等。东晋贵族在维持自我中心的同时，并不认为自己相比平民是高高在上的存在——无论是否能成仙，他们都同样享受人在天地间的快乐。今天的人对道教的印象往往是保守而神秘的，因为作为一个古老的宗教，道教不会用现代世界的概念来解释自己，但它以独特的成仙理念让人重新发现自己在天地间的位置。这不仅为北宋新儒家对个人的强调打下基础，实际上还成为后世人文主义思想的源头。在战火纷飞、稳定秩序无迹可寻的年代，个人的光芒并没有屈从于任何临时的恐惧或迷信，而是在道教的引导下变得耀眼了，这本身就是魏晋时代的巨大成功。

由于道教的流行，魏晋文人之中的绝大部分，包括后世津津乐道的王羲之或者"竹林七贤"，都可以被今天的人们看作如假包换的道士。这与人们的普遍印象不符。人们心目中的中国文人常常是脱离了宗教的，或者必然是儒家的，这是一种极大的误解。从 20 世纪初开始，中国的古代思想者们被莫名其妙地赋予了一个普遍流行的刻板形象：文人是由某种所谓的"儒家思想"所定义的意识形态集团。实际上，中国文化人的思想形态在不同时期是截然不同的，他们没有固定的阶层，也没有固定的群体组织，更没有任何文人会去继承被当作理所当然的传统的儒家。由于中国社会的丰富性和变动的广泛性，有文化的人在各个时期的身份和生活状态都是截然不同的。在中国历史的发展历程中，根本就没有任何一以贯之的儒家思想或者文人群体存在过。

在中国北方，佛教团体从东汉末年开始逐渐出现，而随着以鲜卑族为基础的北魏王朝的建立，佛教迅速普及开来，并很快影响到了南方，渐渐与道教相融合。北魏以鲜卑族带有原始部落元素的贵族体系为基础，并在孝文帝时进行了一系列汉化改革，几乎用拔苗助长的方式把一个刚脱离母系氏族社会的文明推进到封建阶段。这强大的内部张力撕裂了北魏政权和鲜卑人的内心，而佛教恰到好处地填补了这个新兴帝国的迷茫和空虚。道教与佛教最为具体的融合点就是冥想和清谈。冥想和清谈在它们最有生命力的那段时间里，意味着佛教和道教在个人的内在领域，在内省和领悟的层面——而非在教义层面——逐渐成为可以共存的共同体。中国的思想者们变得空前自由而活跃了。

文人艺术的起点

基于上述内容，我们就可以在一个更广阔的时空和视角中去理解南北朝时期的艺术。首先，正如迈克尔—苏立文所说："在这个动荡的年代里，中国画家和诗人第一次发现了自己。"[①] 所谓"发现自己"，就是不仅对绘画和文学有了自觉的、系统性的、基于世界观和思想体系的美学认知，也认识到有自我的人，作为独立的精神与思想个体，在创作中具有决定性的地位。

在文学方面，陆机创作于 300 年左右的《文赋》讨论了诗歌的灵感来源，可以看作是文学理论的肇始。萧统完成于 530 年左

---

① ［英］迈克尔·苏立文：《中国艺术史》，上海人民出版社，徐坚译，2014 年，第 109 页。

右的《文选》不仅对从古代到当时为止的诗歌进行了分类，还强调了诗文的评判标准不在内容或意义，也不在其所体现的道德或价值观标准，而在于对格律的遵守以及修辞的美感本身。他认为文字的华美与壮丽本身就是其最大的道德体现。他在这里所强调的格律，说到底也是源于以汉代绘画为代表的结构性的美学。在汉代思想中，结构源于天地之间的规律，是必须被人遵守的，也是神圣而不可质疑的。在魏晋时代，虽然这种结构化的世界观随着儒家的衰微而式微，但受其影响的以汉乐府为代表的严谨的乐理和格律依旧流传了下来，成为一种文学的美学标准。萧统认同道教的世界观，但他似乎也对基于皇权的某种高高在上的精神结构心向往之。于是在文学层面，他对格律的强调对后世格律诗的发展产生了很大影响。

与之相反，更加激进的立场则体现在成书于 502 年左右的《文心雕龙》当中。作者刘勰认为当时的文学已经因为对辞藻和格律的追求而陷入了空洞，他认为文学的价值并非在于形式之美，而是由文字所体现的思想，以及作者的品格与德行。他强调文如其人，并认为文字的组织形式应当服从于精神内涵的再现，而格律则是多余的。显然，刘勰的美学所依据的思想在当时是前卫的，以道教和佛教为代表，强调个人精神的独立性，否认某种崇高的非人结构之存在的世界观。格律则是这种非人结构的代表，是刘勰所反对的。在今天看来，这两者都具备很高的价值。但回到当时的情境，我们也不能回避其鲜明的不同。

在绘画方面，谢赫完成于 6 世纪中后期的《古画品论》则提出了品评画作和画家的"六法"。这六法对中国后世甚至今天的艺术评论都有很大影响，它们分别是"气韵生动""骨法用笔"，"应物象形""随类赋彩""经营位置""传移模写"。对六法的讨论已经非常之多，我们在这里需要强调两个容易被忽视的重点。首先，"六法"源自汉代以来的品藻，所谓"品藻"最初是用来评价人的，把人按照气质与品行分为九等。这种分类并非强调人的出身、阶级、权力或经济地位的高下，而是强调人的品格与行为，并通过一个人的言行举止、衣着打扮、走路的姿态、写字的方式来具体判断。这体现了贵族社会对道德与人格的认知方式。画家在当时并不是一个受尊重的身份，所以"品藻"当中并不包含对绘画技术的认可。

相传是顾恺之留下的文字最早用品藻的方式来划分画家，这一划分多少带有一些今人所说的"向下兼容"的意思。其重点也是画家作为人和创作行为的整体，而非仅仅其作品的高下。《古画品论》在序言中提出了"六法"，而其正文的内容则是把前代 43 位画家分成了六个等级。那么，这"六法"品评的显然不仅仅是一幅作品所体现的水准，而更多是某个画家所能体现的水准，是一种整体的论断。这种论断方式与道教对个人的自由精神世界的强调是一脉相承的：艺术家并非需要依据任何被外在结构所规定的美学标准，而是要通过作品体现出自己独特的、个人化的，且值得尊敬的精神世界。

其次，在"六法"所透露的美学思想里，"气韵"及"骨法"显然占有更高的地位。这可以看作是在汉代的结构化美学之后魏晋及南北朝时期的艺术所强调的一个新的重点。从当时为数不多的画作及其摹本就能看出，魏晋艺术一方面继承了汉代艺术以形象的边缘线及其样式化的造型所体现的某种非再现性的飘逸特征；另一方面又超越了汉代艺术对结构的遵从，以空前的形式感去强调这种飘逸。这种对飘逸形象的塑造正是源自对人在天地间的自由身份的重新认知和直观表现：人不需要再服从汉代壁画里的条条框框了，人不仅是天地间秩序的服从者，还享有天地所赋予的自由，最终可以让自己的精神和灵魂升上天空。

《洛神赋图》（图 4）以及当时大量的墓葬石刻都体现了这一特征。如果说汉代的造型之飘逸，可能源自某种朴素的平面装饰效果，那么在南北朝时期，飘逸的造型则体现了当时以佛、道为代表的世界观的影响。因此，这种"飘逸"不再仅仅是装饰性的，而是成了带有鲜明自觉的美学追求。这种"飘逸"一方面既是反结构性的，又是反再现性的；另一方面，它对结构性和再现性也没有完全的排斥态度，而是要求一切技法都必须为这种飘逸的实现服务。这就是"象形"与"随类"都要排在"气韵"之后的原因。

其最终的结果，就是一种融合了高超技法的、平面化的艺术风格。这种风格不是因为某种技术的缺失而被迫完成的，相反，它是在综合了各种技巧之后刻意选择的结果（图5）。

这就像是南朝以后的散文，并非作者没有能力进行格律创作的结果，而是一种对格律的自觉排斥。从这方面来看，以《古画品论》为代表的魏晋美学，也同刘勰的《文心雕龙》一样，是当时的前卫美学，它们都强调一种由内而外的，由画家的内心与品格而生发的，自由而飘逸的精神之美。这一切，便是后世文人艺术的核心所在。

山水与书法理论的兴起

与这种个人化的美学相对应的则是山水画理论的兴起。活跃于5世纪早期的宗炳是一位佛教徒和画家，相传最早的讨论山水画的理论短文《画山水序》就是他所作的。他认为山水不仅有自然的质感，而且有承载思想与精神的能力（"质有而趣灵"）。佛道思想的融合，让画家产生了摆脱工匠身份、表现自身独立的内心与品格的创作冲动。这种冲动需要在视觉层面找到一个可供表达的对象，而宗炳发现自然风景是最好的选择。自然风景不仅体现了万物的运行方式，也体现了画家对万物的凝视。于是，山水画

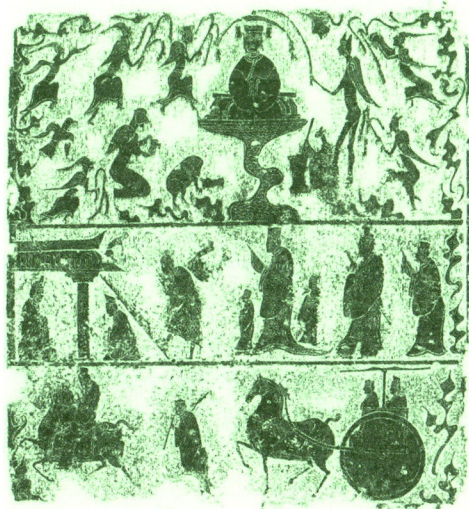

图 4　洛神赋图（局部）　南宋

绢本设色　24.2cm×310.9cm
弗利尔美术馆藏

图 5　西王母、公孙子都暗射
颍考叔画像　东汉

石刻拓片　69cm×67cm
山东省嘉祥县满硐乡宋山出土
山东石刻艺术博物馆藏

成了画家的自我与万物相联结的桥梁。这一美学思想显然也受到了《周易》的影响，因为正是《周易》强调了自然现象的重要性，以及自我与万物相互依存的状态。

　　由此就不难理解，一篇由5世纪的王威所作的短文还提出，绘画应该与八卦相呼应，因为八卦涵盖了自然万物的运行方式。这一理论同时也解释了为何中国的山水画以风景而非人物为中心的特点：首先，画家的自我是融入万物的；其次，画家的自我还体现在画作本身的气韵与品格当中。根据"品藻"和《古画品论》的理论，无论画什么，每一张画都是画家本人内在精神的再现，而描绘自然只是更加直接、更加彻底地再现画家自我的方式。那么画家当然就不用通过再现或者人物肖像的方式来表现自己的内心世界了。遗憾的是，当时的山水画作并没有存世的案例被发现，但这些理论显然为后世山水画——或者说中国美学传统中最重要的代表形式——奠定了最初的理论基础。

　　当时不断成熟的书法艺术也呼应了这些理论。"书法"本身也源于"品藻"。最初，一个人的气质会显现在他的言行举止中，而一个人的字迹也是其言行举止的一部分。所以王羲之（图6）、王献之（图7）父子之所以成为后世书家的楷模，并非他们符合某种"自古以来就天然存在"的书法最高标准，更不是他们的书法作品一出现，就被评价为"最好的书法家"，而是他们不仅拥有高

图6　乐毅论册　晋　王羲之
.5cm×37cm
北故宫博物院藏

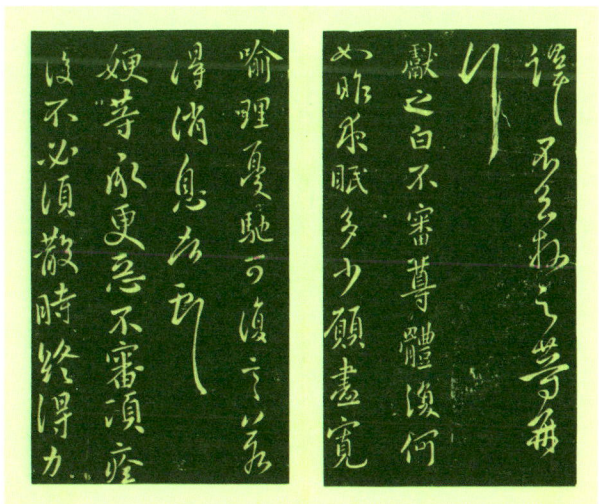

图7　鹅群帖　晋　王献之
1cm×38.7cm
台北故宫博物院藏

尚的内心世界，还成功地用书写再现了这一世界。他们逐渐确认了一种由前人累积而成的审美感知，即不仅是绘画，还有书法也可以成为自我的独特性与独立性的载体。于是，他们的书写成了书法之美的标杆，让人明白一个人的字迹应该是什么样的。书法之美不在内容，而是与书写者本人的精神气质相吻合的，就像文学和绘画作品需要反映作者的内心境界一样。字迹之美最终也是人之美的体现。

这也是后世文人画和书法的美学判读为何重视作者本人德行的原因：一个人的社会行为、日常行为，与他的精神和品格是一体的，而这些也是他的作品之美的依据。艺术家的生命与生活成为创作的背景，成为理解他的作品的一部分，这看上去并非一种古典的美学标准，而更像是当代艺术的美学理论。实际上，从魏晋时期开始，当中国的艺术家开始摆脱自己的工匠身份，将自身独立的思想与精神作为创作依据的时候，他们的生命与作品就已经是一个不可分割的整体了。这也成为后世文人艺术的基础。只不过，由于缺少传世案例，我们只能确认这种美学思想的出现，还无法对当时的创作实践做出更深入的判断。

外来艺术的中国化

在南北朝时期的中国北方，最具代表性的创作则是敦煌和云冈等地石窟。集中的佛教艺术的出现，显然与佛教在北方的流行息息相关。释迦牟尼出生于前 567 年，相当于中国的春秋时期。从他在鹿园第一次宣讲佛法，到阿育王（前 272—前 232）将佛教立为印度国教，佛教一直在印度缓慢发展着。之后，在印度西北部的犍陀罗地区，佛教开始和经由亚历山大东征而流传过来的希腊化艺术相结合，逐渐形成了独特的带有浓厚再现性特征的佛教艺术风格。2 世纪，贵霜王朝的皇帝大力推广佛教，使得佛教经典和理论上升到"真理"的层面，佛陀的地位也得到了极大提高，逐渐具备广泛的影响力。以犍陀罗为中心的佛教艺术也开始向中亚和塔里木盆地传播。

在寺院和佛教建筑出现在中国之前，佛像就被僧侣或旅行者带入了中国。而目前所知最早的由中国工匠铸造的佛像（图 8）出现在约 338 年，仿犍陀罗样式，但工匠的技法十分稚嫩，仅仅表现出犍陀罗的再现式造像的平面观感与基本结构，显然当时只具备塑造汉代常见的样式化人俑的能力。中国的佛教徒似乎从未希望复制印度寺庙的建筑风格，而是将与道观相似的庙宇逐渐发展为带有前厅、塔、回廊和庭院的，具备显著中国庭院风格的寺庙，其中只有塔是来自印度的。中国目前现存最早的佛塔是位于河南

图 8 青铜镀金释迦牟尼像 约 338 年

高 39.4cm
旧金山亚洲美术馆藏

嵩山的十二面宝塔,修建于北魏末期(520)。这座塔具有显著的印度特征,而后来的塔则加入了中国式的梁柱、斗拱、飞檐等结构,逐渐中国化了。

麦积山和敦煌则是外来艺术在中国门户地区汇集一堂的代表。这些地方的艺术也几乎与佛教进入中国的过程交相呼应,其主要内容也是佛教造像或者绘画。在进入中国腹地之前,它们囊括了以犍陀罗艺术为代表的希腊化风格、印度传统绘画、安息的游牧艺术遗产,还有波斯萨珊王朝源自两河流域先祖的平面装饰风格,以及这些风格之间相互吸收，或者相互竞争、争奇斗艳的过程，几乎可以成为一个独立的艺术王国。

　　开凿于北魏时期的云冈石窟则见证了佛教在中国的兴盛，以及佛教造像逐渐中国化的主要过程。简单来说，云冈石窟的造像可以分为犍陀罗艺术的引入，以及以"瘦古清相"为代表的中国化风格的形成这两个部分。关于两种不同案例的讲解在各种相关文献中都有提到。本书会重点提到，对犍陀罗风格的引入似乎更多是由本地工匠完成的，而非直接雇用外国工匠的结果。依据主要在于，与犍陀罗本地艺术，或者与麦积山、敦煌造像所体现出的高度成熟的犍陀罗风格相比，其在造型技法、结构理解、对范式的掌握等方面，都有着显著的不足，例如以著名的云冈石窟第20窟为例，虽然其地位和价值毋庸多言，但梁思成用"笨重"来形容它，这是十分有道理的。虽然其巨大的体积显然增加了造型的难度，但在配套的肖像造像里，也未见有真正成熟的犍陀罗风格出现，普通观众甚至很难想象那些造像与希腊化的艺术有任何联系。我们可以认为，北魏皇室将这类重要造像交由本地工匠完成是有意的，且有其多方面考虑的，真正的原因难以考证，但无论如何，都为本地工匠积累了宝贵经验，并促进了中国化的佛教造像的诞生。

　　以"瘦古清相"为代表的中国化风格则显然是受南朝以气韵

为主导的艺术风格的影响，例如以顾恺之的绘画为代表的、非再现性的、瘦长而轻盈的身体，以及与之配套的飘逸服装，都是在100 年之后才出现在云冈晚期和龙门早期的北方石刻中。根据苏立文先生的研究，这种造像最初是由东晋雕塑家戴逵带到北方的。可以说，瘦古清相风格不仅延续了汉代以来的平面化和结构化的造型传统，而且体现了南朝文人艺术早期所追求的美感，这种美感同时还体现在南方的书法、绘画、文学等各方面。

北方的鲜卑统治者对这种源自南方"正统"中国的艺术风格的吸收，也是与其在思想、文化、社会结构等各方面的汉化努力相一致的。与之相反，北魏之后的北齐王朝对南方文化有着基于统治者个人喜好的仇视态度，于是其造像风格又体现出对犍陀罗风格的回归，尤其在对服装的轻薄质感的塑造方面。但是，北齐佛教造像的精美也不能被过度赞美，正如梁思成先生所说，虽然北齐造像努力体现犍陀罗艺术的丰满与再现性，但显然那些工匠所掌握的再现技法已经不足以支撑他们再现一种完全脱离"瘦古清相"的外来风格了。因此，北齐造像在整体造型、身体姿态、结构比例等方面依然有着强烈的结构化和平面化的倾向，这种倾向或许不是其自愿的，而是因为南方美学已经对其造成了根深蒂固的影响。正如前文所述，南方已经在这段时间里发展出了系统化的美学思想与审美体系。而从北方美学思想的基本逻辑来说，无论其赞同还是反对南方的美学，都是将南方美学作为"汉族人"

或者"正统中国"的代表来看待的。这实际上承认了这种中国化的美学体系的存在，并接受了它的影响。南方的艺术对北方产生影响，除了北方统治者的态度，还源于南朝艺术所体现的自由主义精神本身。无论是其社会和文化的组织结构，还是那种飘逸的美感背后所体现的佛道合一的思想，以及它们所宣扬的灵魂的自由飘荡，其先进性和渗透性都是北方统治者无法拒绝的。那种中国的飘逸美学，实际上是一种先进地区所体现的活力与魅力本身。

正如汉代艺术对再现与否的取舍一样，中国的美学形态在魏晋南北朝这个大融合时期进行了一次大规模的整合。最终，那从商代青铜器的卷云纹而来的一缕青丝，进入了汉代壁画那些平面化的边缘线当中，然后在南朝人物画的衣角和眉梢上重获生机，流进了书法的笔墨，也融入了北方佛像的面庞与轮廓当中。视觉的末梢逐渐与天地相连，借助自由的个人精神，延伸到宇宙尽头，跟乐府的曲调、南朝的韵脚、寺院的斗拱，还有青瓷的碎片一起，成为一个伟大的艺术传统的落脚之处。于是，"师法自然""气韵生动"这些形容词被千古传颂。

知识与概念复习

1. "书法"是否一种"从来就存在"的中国艺术门类呢？

参考答案：并不是，"书法"最初源于"品藻"对一个人字迹的品评。这种品评的对象并非与"艺术"相联系，而是与一个人的言行举止构成一个整体。这种审美是基于个人精神修养的，而非基于标准化的形式创造。

2. 再现性的美学与结构性的美学，哪一个更强调"逼真"，哪一个更强调"归纳"？

参考答案：再现性的美学强调逼真的视觉感受，结构性的美学强调对现象的归纳。

3. 道教对中国美学脉络最重要的贡献是什么？

参考答案：强调了个人精神世界的重要性，并将艺术创造看作个人精神生活的一部分，由此催生了以个体精神世界为前提的美学，成为后世文人美学的基础。

思考题

1. 为什么古希腊思想注重形而上的结构，古希腊艺术却是再现性的；而南朝思想注重自然现象，以及个体与自然的联系，但南朝的艺术强调对结构的归纳？

2. 为何在南朝的文化阶层看来，一个人的字写得好是气质高华的表现，而绘画技术则是无关紧要的？

3. 南北朝时期出现的中国化的美学，为何其面貌与后世的中国艺术相差如此之大？

第五章

黄金时代的黎明

隋唐时期

614 年，隋炀帝杨广接受了婴阳王的请降，结束了对高丽的战争。隋王朝的统治在不断的征战中接近尾声；但南北朝以后，作为刚刚融入了众多新的民族团体的帝国，中国的统一局面得到了稳固，预示着唐宋大繁荣的开始。根据《资治通鉴》，唐太宗还最早提出了"中华"的概念，他说："自古皆贵中华贱夷狄，朕独爱之如一，故其种落皆依朕如父母。"这看上去是可信的，因为完成于唐高宗时期的《唐律疏议》就再次强调："中华者，中国也。亲被王教，自属中国，衣冠威仪，习俗孝悌，居身礼义，故谓之中华。"可以说，有了《淮南子》的"中央土地，其帝黄帝"，再加上春秋战国时期各国以"中国"（正统之国）自称，再经过南北朝时期的大分裂，"中国"的概念到唐代终于变得深远而可靠。

在公元 600 年以后，随着唐帝国的强盛、阿拉伯帝国的兴起，以及拜占庭帝国的繁荣，和平统一且生机勃勃的环境促进了以"丝绸之路"为代表的远程贸易和文化交流的极大发展。在那时，中国艺术家已经可以了解到欧亚大陆上一切重要的艺术创造，他们以独特的方式将各种资源组合在一起，创造出只属于唐代中国的艺术。这些艺术创造凝聚了西亚地区的华美、东罗马的秀丽，以及印度河流域的生动，却又再现了仅属于唐王朝的繁华气度，成为中国美学的里程碑。

西域艺术风格的再度融入

虽然中国化的美学刚刚在南北朝时期得以确立，但从皇宫到日常，唐朝人都没有强调这种新近确立的传统的唯一性。与之相反，作为当时国际化程度最高、环境最为稳定的统一帝国，唐朝保持着对外来文化的开放与包容。这种包容的结果并没有令唐朝丧失任何"中国"的部分，反而让中国文化获得了国际性的声誉。西域风格随着来自河西走廊以西的旅行者进入中国腹地，还有经由爪哇群岛和马六甲海峡进入中国南部的各种来自非洲、印度和东南亚的新事物。

西域艺术风格体现在唐代艺术的各个方面，而最直接的体现是在一般被归类为装饰艺术的各种器物装饰当中，其最大的特征就在于华丽的平面装饰性，以及相关的各种复杂工艺。如今，这些器物当中最精美的大部分由日本正仓院（图 1）收藏，是当时日本的遣唐使、僧人等从唐朝皇室得到的礼品。正仓院如今每年都会举办唐代珍品展，那些器物成为我们了解唐代装饰艺术的重要线索。里面的很多器物，例如琵琶或者服装系带，令第一次见到的人感觉不像是唐代产品，而更像是路易威登、博柏利这些当代奢侈品牌的代表，或许当代设计师的确从中吸取了灵感。另一些则在中国作为随葬或者窖藏被挖掘出土，例如西安何家村出土的带盖鎏金提梁银壶（图 2）、八棱鎏金金银杯等。前者体现了粟

图1　日本正仓院

图2　鎏金鹦鹉纹提梁银壶

高 24.2cm

1970 年西安市南郊何家村出土

陕西历史博物馆藏

特工匠所掌握的波斯风格的平面装饰，以及萨珊金工的珍珠地工艺；后者则体现了强烈的东罗马雕塑风格。这两种风格在当时本身也是相互影响的。

这些器物仅仅是当时的高档日用品，它们所体现的是一种装饰美学，也就是经由前沿的艺术探索筛选之后流行开来的日常美学。因此，它们以非常直观的方式体现了唐代审美的国际化风格。

雕塑艺术的国际化风格

在南北朝时期的思想狂潮之后，佛教在唐王朝成了主导性的思想体系。在845年灭佛运动开始之前，佛教已然成为国家意识形态的基础。这使得唐朝的佛教艺术呈现出一种生机勃勃、辉煌壮丽、自信、外向且张扬的帝国气质，而不再像南北朝的佛像那样集中于人对自我及彼岸世界的冥思。源于犍陀罗造像的再现技法不仅被重新掌握，而且经过进一步演变，塑造出唐代独特的健硕而饱满的造型。北朝雕塑中具有浓重中国化特点的"瘦古清相"变得不再合适，但是，其极具整体性和绘画性的线条被保留下来，成为唐代雕塑区别于犍陀罗艺术的最大特征。一种融合了中国化的线条与平面性，同时具有夸张的再现技法的国际化造像风格由此形成。

图 3　龙门石窟卢舍那大佛、弟子和胁侍菩萨

　　龙门石窟现存的代表作品很好地再现了唐代佛教艺术鼎盛时期的特点。从代表性的卢舍那大佛、弟子和胁侍菩萨（图 3）的群像中就能看出，工匠们已经完美解决了困扰他们的技法问题，展现出完美的整体感与生动身姿。作品所体现出的对巨大尺幅的整体控制感，不像是在造像前如同小人国精灵般的工匠完成的，而更像是一个比造像还要大很多的巨人在石窟前俯身雕刻而成的。身体特征与比例都经过了精心的处理，让这些造像既具备再现特征，又展现出一种超越真实的、饱满而伟岸的、精神化的肉体。世界上很难有别的大型雕塑能够兼具这样的严谨与灵动。

　　龙门石窟的大部分石刻既展现了完美的圆雕技法，又因其单向的视角而具备浮雕的特征。令人惊叹的是，这些作品即便从浮雕的角度去看，也展现出对平面视觉的深刻理解，线条极其流畅，犹如画笔勾勒而成。尤其是一些石窟前的小型天王像，既具备健硕而再现性的身体，又具备优雅而飘逸的姿态。可以说是确立于南北朝时期的中国化的美学与唐代工匠得到进一步完善的再现技法的完美结合。虽然前文提到过，中国的艺术在再现性与结构性之间选择了后者，但在唐代，再现技术作为一种技法，已经被中国的艺术家完全掌握了。这让后来在辽代出现的易县三彩罗汉像（图 4）成为一种可以预见的必然。

墓葬艺术也显示出同样特点。唐代的随葬镇墓兽、天王俑等等陶制雕塑既保留了华丽的平面绘画感，又显示出造型技法的高度成熟。工匠似乎随心所欲地游走于再现艺术和中国化的平面美学之间。其中更具代表性的是唐太宗墓葬中被称为"昭陵六骏"（图 5）的浮雕作品。作品以浅浮雕的方式展现出对再现型雕塑的深刻理解，令人想起古希腊艺术当中最精彩的浮雕作品。与之不同的是，作品整体结构并没有强调华丽多变的构图，也没有龙门石窟那种具有强烈绘画感的飘逸线条，而是遵循了汉代墓葬画像石的稳定与秩序感，也保留了源自汉代的优雅而克制的边缘线。于是，这组作品看上去具有某种纪念碑式的庄严和肃穆。这也可以看作唐代统治者在展现皇室的美学倾向时，对中国式美学当中的结构感以及非再现性的刻意强调。

图 4　易县三彩罗汉像

大都会艺术博物馆藏

图 5　昭陵六骏（局部）

身穿马具的飒露紫　其左为丘行恭
摄于 1920 年
宾夕法尼亚大学考古学与人类博物馆藏

绘画艺术的多元化

　　845 年的灭佛运动几乎灭绝了唐代以及唐代所收藏的前朝绘画作品。初稿成于 847 年的张彦远《历代名画记》就像是对往昔盛景的追忆。该书提到北齐画家曹仲达似乎完成了对犍陀罗造像风格的绘画化，用绘画再现了柔软轻薄的衣料覆盖在人物身上的质感，因此留下"曹衣出水"的传说。这一特征在敦煌著名的103 窟维摩诘坐像（图 6）中也有体现。人物服装的皱褶具有显著的犍陀罗雕塑特征，流畅且因其重量而下垂，包裹着健硕的人物身体。这幅作品对体积感的塑造是完全通过线条来实现的，在

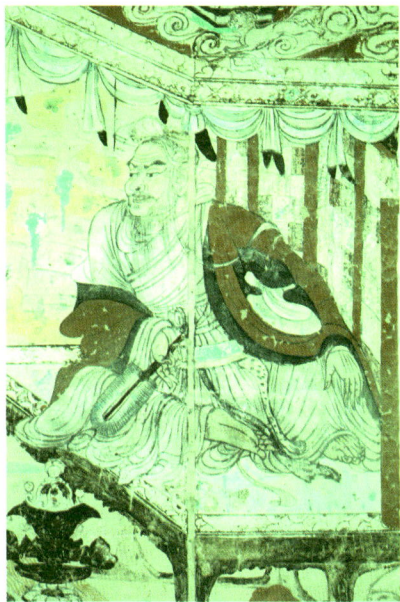

图 6　维摩诘坐像　敦煌 103 窟

这一点上，它又与成型于南朝，以飘逸线条和平面结构为特点的
中国化的美学相符。另有一位似乎是专精波斯装饰风格的画家尉
迟乙僧，所画题材"皆是外国物像，非中华之仪"①。张彦远《历代
名画记》中记载他的笔法如"屈铁盘丝"，似乎也是一种以线描刻
画体积感为基础的绘画。

---

① ［英］迈克尔·苏立文：《中国艺术史》，徐坚译，上海人民
出版社，2014 年，第 154 页。

稍晚的著名唐代画家吴道子则是这一风格的继承者，他的作品被见过其真迹的宋代学者董逌描述为"吴生画人物如塑……其笔记圆细如铜丝萦绕"，这与维摩诘坐像兼具造型与线条美感的特征完全符合。董逌还形容吴道子的人物"朱粉厚薄，皆见骨高下，而肉起陷处，此其自有得者，恐观者不能知此求之，故并以设彩者见焉"。这句话很有意思，是说吴道子不仅精通以线条塑造体积的方法，还擅长以颜料的厚薄深浅来体现人物面部骨骼。但是，看上去当时中国的观众更加熟悉以线条为基础的绘画，所以对这种以颜料厚薄来塑造体积感的再现性技法还不熟悉，吴道子担心观众尚不具备这种观看的习惯，无法体会，所以又使用色彩来配合颜料的厚薄，强调肉体的起伏。这令我们想起东罗马帝国的绘画，或者欧洲中世纪的绘画，其中都有以不同色彩来暗示面部骨骼起伏的方法。在麦积山的唐代壁画里，也有一种不借助阴影等再现技法，而是用显著的边缘线和颜料厚度突出物象的绘画风格，可以看作是吴道子风格的案例。

不难看出，当时的绘画艺术也体现了再现性与平面性的融合。一方面，以犍陀罗雕塑为代表的希腊化风格随着佛教的兴盛影响了当时的审美，使得绘画也必须展现更具实体性，更加饱满的身体。另一方面，画家们又坚持了成型于南朝时期的中国化的美学，以飘逸流畅的线条、平面装饰性的画面结构和赋彩为基本的表现手法。画家们将南朝美学所强调的飘逸气韵，与犍陀罗艺术当中以服装轮廓及皱褶为代表的轻盈感受融为一体。或者说，从唐朝开始，中国化的飘逸气韵当中又融入了饱满的实体感。轻盈与厚重在这里结合于一体。由此，我们就不难理解存世至今的唐代皇家墓葬绘画，例如永泰公主陵的壁画的基本特征，也与之一致的原因。

在这一过程中，对中国化的或者说更具平面性和线条感的美学的坚持又并非刻意，而是极其自然的，因为当时流行于中国的西域艺术风格，本身也不仅仅包括了希腊化风格，还有更多源自以平面装饰性著称的波斯及阿拉伯艺术，以及受此影响的东罗马艺术。它们与源自汉代，甚至可以追溯到古埃及的平面风格本身就是同源的。所谓的"国际化"的风潮里，本身就有与中国化的美学同源的元素。

我们在欣赏唐代绘画的时候，常常会感觉其中的线索纷繁复杂，每件作品都有不同特点，这种感觉也常常出现在欣赏东罗马绘画或者中世纪晚期的国际化哥特绘画的时候。可以说，这些时期的绘画都有一个共同点，即早期的传统已经形成，新的国际影响又如潮水般涌来，而更加著名于后世的经典作品还没有诞生。这样的状态实际上体现了各种不同的艺术传统所演变的本来面貌：没有任何东西是自古以来或者理所当然就属于任何传统的，每个有生命力的传统都是鲜活的、开放的、不断演变的。

唐代绘画里还有一个特别的现象，就是作为宫廷绘画的《历代帝王图》《捣练图》等名作，在人物塑造上依然体现了国际化的风格，但是色彩方面与宗教绘画相比，则更加突出平面性。人物和背景都十分简洁，由优雅而内敛的线条与色彩所归纳，显示出清冷的气氛。人物与空间没有互动，落脚之处犹如背景色块前的一片虚空，这显然是刻意为之的处理方式，凸显了一种源自南朝的中国化的飘逸与冥思，与宗教和墓葬题材的热闹场景形成了鲜明对比。五代十国时期的《韩熙载夜宴图》也体现了相同特征。但是，这些存留至今的画作作者不明，大部分或者全部都可能是宋代摹本，那么这些成熟且独特的处理手法也可能是宋人的喜好。这种简洁的背景在唐代也出现在例如《五牛图》《照夜白》这些描绘动物的作品里。但是这些作品更像是类似《昭陵六骏》那样的特写作品，背景的处理并不具备代表性。总的来说，唐代留下的绘画案例实在太少了，而其中所体现的美学脉络又是如此纷繁复杂。在这一切复杂而绚烂的国际化创作当中，一种对后世影响更加重大的文人艺术也迈出了重要的步伐。

禅宗与文人意识形态的发展

初唐到唐中期之间（618—750），神秀以及大满弘忍的一位弟子，也就是后世所说的六祖惠能，开始各自传播禅宗的理念。

惠能说："不用求净土，净土只在你心中；不用坐禅，见你本性即是禅；不用修功德，见性是功，平等是德。"[1] 后人所谓的"直指人心，见性成佛"就源于此。禅宗让"成佛"的大门朝每一个人敞开了。

禅宗的兴起可以看作是一次发生在佛教内部的宗教改革运动。在"普度众生"这一普世目标的引领下，从五祖开始的东山法门，实际上反映了一股更为强大的思潮：思想者们开始寻求一种彻底摆脱宗教色彩的，理智的、世俗的、系统化的，且可以执行的思想体系。用今天的概念来说，就是尝试建立一种宗教体系之外的世俗哲学。但是，"哲学"在此仅仅是一个类比，因为东亚思想体系中并没有严格意义上的"哲学"，这并非东亚思想体系的不完善；相反，是因为"哲学"的定义有其特定的欧洲思想体系的背景，以及以形而上学为代表的严格定义。

中国的思想者在开始世俗化思潮的同时，给自己加上了沉重的责任，他们要扮演拯救者，而非毕达哥拉斯所说的观众。这种责任感既可以说是佛教所必然赋予的，也可以说是春秋以来的中国思想者的本能。中国的思想者一直认为思想必须能够切实地让世界和每个人的生活变得更好，而从不认为观众式的纯粹观看与

---

[1] 胡适著，段雅校注：《胡适文集》，北京燕山出版社，2019年，第 1475 页。

思考是值得推崇的。这种思想改革的动力来自中国思想者个人意志的觉醒。这种觉醒从南北朝开始，由儒家的衰微，道教的兴起，以及佛教的传入所共同铺垫。

当惠能的地位被以追溯的方式认定之后，"禅宗"所代表的已经不是传统佛教的力量，而是全新的，以个人意志和自由思想为核心的时代思潮。其自由与个性化的根基就在于"心性"以及"见性成佛"，这为内省式的思想打开了无限的大门。根据禅宗的指引，每个人都可以成为自己的内心和行动的主人。

正如前文所述，中国的"文人"并非一个一成不变的具有固定意识形态的固定群体。如果说南朝时期的文人是基于道教，使个人的独立精神得以从汉代儒家中抽离出来，重新发现世界的产物；那么唐代的文人则是基于禅宗的，这不仅帮助个人思想从佛教独立出来，还令个人思想拥有彻底从一切宗教体系中独立出来，以纯粹的理智和经验去发现世界的动力。因此，唐代文人虽然还身处宗教时代，但已经拥有后世世俗文人的雏形。

古文运动

在禅宗对佛教的改造之外，唐代世俗思想的兴起还与唐中期以韩愈为代表的"古文运动"息息相关。所谓古文运动，表面上是反对以《文选》为代表的华丽的格律写作，崇尚以《文心雕龙》为代表的由内而外的质朴散文，并将孟子的著作视为典范；其核心则是反对汉代以来僵化的儒家框架，并且假借对孟子思想的追溯和重新阐释，将宗教化的儒家改造为非宗教化的，以纯粹理智和思辨为基础的，被后世称为"新儒家"的世俗世界观。

从汉代以来，虽然由于佛道在南朝和隋唐的兴起，儒家遭遇了低谷，但一方面，其思想内涵和经典经由以葛洪为代表的道教精英加以吸收和强调，因此维持了生命力；另一方面，由于唐代对中华正统的重新重视，儒家思想在社会和政治层面拥有持续的影响力。但是，从汉代到唐代，对儒家思想的研究和传播都是以"谶纬思想"为代表的，其基础是儒生们所信奉的所谓孔子本人所著的反映自己思想的"纬书"。这些"纬书"实际上都是汉代学者的伪造，是为了塑造一种适合汉帝国的儒家思想，而对先秦百家学说的综合与扭曲。对"纬书"的塑造，加上汉代开始的对"孔圣"这一不可置疑的圣人身份的塑造，成为儒家的基础。韩愈发现了其中的问题，所以提倡重新发现古人的真实思想，并质疑儒家的权威。韩愈对孟子思想的强调，就是他对抗"纬书"内容的手段。

同时，韩愈也反对唐王朝对佛教的盲目崇拜，从这一点来说，他与更具开创性和包容性的禅宗的意见是一致的，但禅宗当时毕竟还是佛教中的少数派，因此他不得不与整个佛教体系为敌。他的《论佛骨表》险些让自己丢掉性命。韩愈在当时显然身处孤立无援的境地：传统的儒生不支持他的学说，而佛道的信奉者也不支持他的学说。甚至，由于韩愈对质朴的、非格律化的古文的强调，唐代最具代表性的唐诗的作者和爱好者们也都很难喜欢上他。

正是如此，韩愈才能够自信地宣称自己是儒家正统的继承者。同时，他又对所谓"正统"抱以开放的态度。他曾说，"孔子必用墨子，墨子必用孔子，不相用不足以为孔墨"，意思是孔子和墨子两人一定能够相互学习并接受对方，所谓"正统"并非迷信和固执一方。这不仅符合南北朝以来佛道相融的基本特征，也是禅宗得以世俗化的基本精神。韩愈用同样的思想改造儒家，但注定要面临更大的阻力。韩愈所强调的"中庸"思想，并非今天普遍印象中的两头讨好，折中退让，而是坚守正道，坚持开放而独立的思想，不讨好任何一方的意思。韩愈也用自己的行动实践了自己的思想。直到北宋，随着社会的进一步变革，韩愈的思想逐渐被广泛认可，以欧阳修为代表的学者也才终于得以公开批判唐代以来的"谶纬思想"，而经由韩愈所改造的"孔孟之道"，也终于取代了那个宗教化的孔子形象，成为新的世俗化的"新儒家"思想的代表。

从艺术的角度来看，古文运动的直接结果是唐代散文的发展。从更深远的影响来说，古文运动和禅宗的发展共同影响了以王维为代表的文人艺术的发展，并导致了文人艺术和宗教艺术在唐宋进一步的明确分野。虽然唐代留下的文人艺术非常稀少，但它们无疑是宋王朝黄金时代的前奏。

文人艺术的形成

在南北朝时期的南朝，由于道教思想的成熟和人文精神的出现，一种以艺术家个体思想和独立表达为基础的创作开始出现，并体现在山水画理论和文学、书法等创作当中。这种创作便可以被称为"文人式的创作"。它的核心特点并非其背后的思想流派，而是艺术家的身份首先不是工匠，是思想阶层或者说知识阶层。他们的创作是以独立的个人思想或个人美学表达为诉求的，区别于工匠式的创作。

从其诞生方式来说，文人艺术几乎都是文人们业余化的消遣，它们并非由专业艺术家创作，或者说，他们的这些"作品"，在一开始就不是作为作品被创作的，而是被指认的。在这方面，由于资料的缺失，早期文人绘画与工匠绘画的边界是较为模糊的，我们只能说，从早期的画论中可以看到一种文人化的精神诉求。

这些创作的首要诉求是个体思想与个人精神境界的表达。用今天的概念来说，文人式的创作与现代主义的艺术创作是具备相同特征的，因为欧洲的现代主义艺术是建立在现代主义意识形态之上的，它的核心就在于艺术家基于独立思想的独立表达，以及以此为目标的、对艺术的风格或技法创新的自觉追求。在南朝时期，文人式的艺术同样以这两点为特征，并且在很大程度上促进了中国化美学的成熟，由此影响了隋唐工匠在技法和风格上的取舍。

显然，文人式的艺术是有着天然的前卫精神的，因为它们都由每个时代里最具思想自觉性的人所创造。随着以禅宗为代表的，一种崭新的、脱离宗教的世俗思想潮流的兴起，唐朝的文人又再进一步开始了新的美学探索，并促成了中国文人艺术的成型。

隋代展子虔的《早春图》一般被认为是目前最早的脱离宗教题材的纯风景题材。民国以来的研究倾向于认为这幅画很有可能是宋人假借展子虔名义所作。另外，它与隋代当时的思想及艺术氛围也并无可考的关联。在《早春图》之后，被讨论最多的山水画家便是唐代王维。《雪溪图》《辋川图》等作品是否他的原作，宋代至今一直争论不断。与之相比，最近发现的《著色山水图》似乎更接近唐人手笔。[①] 要搞清楚一件作品是否一千多年前的某人

①　参见刘九洲、吴斌：《王维"著色山水图"研究》，中国美术学院出版社，2017 年。

真迹，实在是太难了，但是，王维的山水画水平很高，这一点是可以确信的，因为《宣和画谱》就记载，说王维"善画，尤精山水"。《宣和画谱》还强调了王维创作中的文人艺术色彩："且往时之士人，或有占其一艺者，无不以艺掩其德，若阎立本是也。至人以画师名之，立本深以为耻。若维则不然……至其卜筑辋川，亦在图画中，是其胸次所存，无适而不潇洒，移志之于画，过人宜矣。"这段大意是说，过去的画家认为绘画技术与德行无关，甚至连阎立本这样的画家，都以自己的画师身份为耻;而王维则非常享受绘画，也很乐意被称为画师，他的画作并非仅仅是技艺，而是他的人格与品行的再现。

山水画究竟由谁开始的，古籍中似乎一直没有明确说明过，王维也只是"尤精山水"，如果《早春图》是宋人伪造的，那么至少一部分宋人是愿意相信，山水画最晚在隋就出现了。另外，对王维的这段记载也表明，到王维那时候为止，还没有多少画家能够像他那样，把绘画视作一种超越技艺的创作，以及自己人格与品行的再现。从这一点来看，无论山水画是谁第一个发明的，王维都体现了一种在他那个时代出现不久、尚未流行的具有文人艺术内涵的新的创作山水画和看待山水画的方式——也就是文人艺术的新思潮。

王维本人 31 岁皈依佛门，但并未停止世俗活动，在禅学和道学方面皆有涉猎，他的山水画创作显然是新思想直接作用的结果。从山水画的背景来看，至少在中唐到晚唐，也就是 8 世纪的时候，中国的各类绘画已经展示了大量山水形象。它们从属于宗教或皇室墓葬题材，是叙事绘画的背景或注解，并非以风景本身为题材的作品。但是，这些风景的描绘方式已经体现出许多由多年的宗教壁画所开发出的可供王维参考的技术特点。其中典型的有三种，一种是可以追溯到顾恺之的线描填色技法，例如懿德太子墓中的山水画，是以线条勾勒山石草木，再进行填色。第二种是没骨技法，代表作是敦煌 217 洞窟中的壁画，山体直接以色彩涂抹而成，不加边缘线，仅以笔触间的空隙表现山体的层次，这种画法对后世山水画影响很大，尤其以米芾父子的山水为代表。第三种是强调笔法的书写感的画法，以出自敦煌的《佛陀削发图》为代表。这种方法一般被认为是唐代张璪的创造，但张璪的技法也不太像是凭空发明，更像是对更早的佛教壁画中的山水画法的总结。这种方法在后世发展为各种皴法，是在后世中国山水画当中影响力最大的风格。

被指为王维所画的《雪溪图》对上述三种技法都有使用。线描和没骨法的使用更多，而对皴法的使用则仅仅体现在山体的局部里。更重要的是，如果这幅作品是王维所作，或者说，如果我们在任何一幅被认为是王维的画作里，发现了任何可以被后世命名的技法，我们都需要知道，这些技法在当时都还远没有形成各自在风格或意识形态上的代表性，它们都仅仅是已然存在的、自然而然的且以自然风景对象的、可供使用的、描绘风景的方法而已。王维最重要的贡献也并非他在风景画技法上的贡献，而是他对待风景画的方法。他的作品脱离了唐代以来的宗教绘画、宫廷绘画，或者墓葬绘画在各自题材上的叙事性与功能性，成为表达自己心境与感触的作品。在《雪溪图》里，我们可以看到后世中国风景画所追求的典型美感：风景融合了再现性和平面的结构性，而在这里，两者被统一到更加安静、内省、非叙事性的氛围当中。这种氛围并不像南朝绘画那样拥有显著的飘逸感，也没有唐代宗教绘画的华美感，而是以更加稳定和庄严的方式，融合了典雅和忧郁的情感。这种情感的感知与表达都无法简单通过个人思考来完成，它所体现的是唐代以禅宗为代表的逐渐独立于宗教之外的文人意识形态的形成。如果这幅画是宋人伪作，我们至少也看到了宋人对文人画起源的一种理解和想象。

我们可以确定的是，王维的作品以及在他之后的五代北宋的文人山水画，并不都是接受了委托才创作的，也不是为了任何具体的功能而创作的。他们的作品是自觉和自发的，并且传递了一种源自南朝文人美学的信念：一个文人首先应当具备创造美的能力，而且他们的作品应该是独立的，对美学的探索不应该是随波逐流的，更不是为了讨好他人的，因为作品不仅是文人的绘画或书法技法的体现，更是他的思想以及品格的体现。

从这时候开始，中国的文人艺术和工匠艺术逐渐开始分野，以致在后世文人所书写的中国艺术的历史中，那些从事宗教艺术创作的工匠几乎都没有留下自己的名字。我们甚至不知道雕刻了龙门卢舍那大佛的工匠是谁。这并非他们的创作不够资格进入历史，他们的创作与欧洲那些最好的宗教艺术家，比如米开朗琪罗的雕塑相比，也绝不落下风。但是，因为文人艺术是一种具有现代意义的、另一个维度上的、具备思想自觉性的创造，这使得中国的工匠艺术家们再也没有机会登上中国艺术的最高舞台。尤其是中国的雕塑家们，仅仅因为文人艺术对雕塑的天然排斥（大概是文人的书房里不适合搞雕塑的缘故，直到制印的流行），几乎从来没有在历史中留过名，这既是中国艺术的历史书写的遗憾，也是中国艺术很早进入高级阶段的体现。

知识与概念复习

1.文人艺术或者文人画是一种固定的形式传统吗?

参考答案:不是,它们是随着文化阶层的世界观和自我认知的变化,以及表现自我精神世界的需要而诞生的。文人艺术或者文人画在诞生之时没有固定的风格与规则,它们是由自身的美学方法和理念来定义的。

2. 王维或展子虔是文人画的创造者吗?

参考答案:不是,因为"谁画了第一张文人画"是无法考证的,他们只是反映了文人艺术早期的美学风潮,是具体的案例。

3. 文人艺术的美学特征是由文人自发创造的吗?

参考答案:文人艺术的美学是以敦煌艺术为代表的多种绘画风格与技法融合的结果,并最终以对自然风景的主题性描绘为标志。新的美学特征往往并非主动为了创造而创造的尝试,而是一种自然流变之后的结果。

思考题

1. 文人艺术的诞生究竟是一种对既有传统的继承，还是崭新的创造？

2. 为何唐代的美学风潮可以被称为"黄金时代的黎明"？

3. 还有哪些美学风潮的诞生与文人艺术的诞生具有类似的时空与思想层
   面的宏观性？

第六章

科学与理性的革命

7—18世纪欧亚大陆的文明传承

有关宋代的艺术和审美，我们在许多地方都能了解到。但是，我们常常在一些错误的前提中谈论它们，比如我们认为宋代的儒家思想和文人精神是自古以来就有的，是他们理所当然地继承自前朝的；我们认为宋代的美学是一种基于"农业文明"或者"封建文化"的雅致但不合时宜的产物；我们认为宋代的成就是一种东方的、结构性的、必然的失败之前的昙花一现；我们认为宋代的艺术是一种无法延续的趣味，与欧洲那些镌刻在大理石上的艺术成就相比，它们只是随时会飘散且已经飘散的纸片。并且，由于上述种种，在我们即便以克制且理智的态度赞美的宋代艺术的时候，也必须再保持某种额外的"客观性"，即时刻牢记上述事实。否则，我们的赞美会让我们显得固执且封闭，而在赞美欧洲艺术的时候则不需要有这些担忧。本章就将纠正这些错误的前提，我们因此会涉及很多历史内容，但我们涉及历史的角度将是全新的。我们将会发现，它们是今天帮助我们欣赏宋代艺术的最重要的部分。[①]

宋王朝在 960 年建立，在 1279 年灭亡，历经 300 多年。7

[①] 本章中部分内容出自许晟《新思想的黎明》（上海三联书店，2023 年版），以下不再一一出注。

世纪初，西亚地区文明崛起。在 600 年后的欧亚大陆，民族间的融合早已变得纷繁复杂。和当时的中国人一样，阿拉伯人也是由居住在同一片广袤地区的不同人种和民族的人构成。有着不同宗教背景和历史渊源的成员被统一起来，再以宗族为基本单位结合到一起。四大哈里发随后开创了辉煌的阿拉伯帝国时代。当时，中国的旅行者再也不会前往罗马，欧洲在约 200 年前就已进入黑暗时代。整个古希腊—罗马文明已经随着人口的迁徙被整体转移，跟随东罗马帝国，也就是拜占庭帝国，东迁到小亚细亚半岛，并在那里与其他文明交融发展。在唐太宗统治的 24 年（626—649）里，中国开始展现空前的强大与繁荣，疆域向西扩张至阿尔泰山和中亚地区。

阿拉伯帝国的阿拔斯王朝在 8—9 世纪，也就是晚唐时代到达了极盛时期。1258 年，阿巴斯王朝随着巴格达被蒙古军队攻陷而覆灭，传统哈里发体制的阿拉伯帝国消失了。在 1299 年建立的奥斯曼帝国，实际上继承了阿拉伯帝国文明的遗产，同时也受到来自东罗马帝国的影响。

从 4 世纪末，也就是中国的东晋末年开始，罗马帝国分裂为东西两部分。476 年，也就是中国的南北朝时期，西罗马帝国灭亡，欧洲文明出现巨大倒退，进入黑暗的中世纪。东罗马帝国继承了古希腊和罗马文明，以希腊语和古希腊文化为根基，并继承了正统的基督教。东罗马帝国在当时的称呼就是"罗马帝国",因为无论从任何角度来看,它除了位于欧洲以东、定都君士坦丁堡,从信仰到领土,从体制到文化,都是罗马帝国毫无断裂的延续。其信仰的"东正教"之名的意义便是"基督教的正统派",其名称来自希腊语的"Ορθόδοξος",意为"正统",或者"一直延续的(ρθός)理念(δόξα)"。但是,在 18 世纪以后,以孟德斯鸠为首的学者们给了这个帝国一个充满异国情调的新名字——"拜占庭帝国",同时开始吹嘘中世纪欧洲一个建立于 10 世纪,名为"神圣罗马帝国"的、松散的政治联盟。这个联盟在巅峰时期也仅仅涵盖了意大利北部、勃艮第和弗兰德斯地区,不仅孱弱且毫无建树。正如伏尔泰所说:"神圣罗马帝国"既不神圣,它的领土也从未涵盖罗马,它也不是一个帝国。但是,它是中世纪欧洲唯一与古希腊和罗马帝国的遗产有关的一个象征。当孟德斯鸠在 18 世纪意识到欧洲的文化身份需要重建时,他不能接受古希腊文明的正脉在从 5 世纪到 15 世纪的漫长千年里,都是在今天以土耳其为中心的地区所延续的这一事实,所以便从名称开始,弱化东罗马帝国在文明进程中的地位,并编制出一套以伟大骑士的故事为主线的中世纪欧洲的神话。

然而他的努力只能针对那些对历史一知半解的大众,稍微了解欧洲的人都知道这些简单的事实,东罗马帝国才是欧洲历史最为悠久的君主制国家,而且是古希腊遗产的真正延续。并且,由于东西罗马的分裂是自发的，而非被动的，所以东罗马帝国也可以看作是从前 27 年，也就是中国汉代开始的，一直到 15 世纪的一个有机且延续的帝国的一部分。它不仅持续将古希腊的影响传播到阿拉伯世界和更远的亚洲，也吸收了阿拉伯帝国、奥斯曼帝国和更遥远的中国的影响，并和这些帝国一起组成了一个西至亚历山大港，东至中国东南沿海的世界文明体系。从 7 世纪阿拉伯帝国的四大哈里发时代，或者同时期唐太宗的统治开始，到 13 世纪阿拉伯帝国和宋代中国先后陷落，这个世界文明体系构筑了迄今为止的现代文明所依仗的一切基础。

被忽略的篇章

正如约翰·霍布森的研究所指出的，所谓"东方"国家从来都不是后世史学家所描述的封闭而落后的孤立主义者。[1]与之相反，从 9 世纪前后开始，西亚地区的倭马亚王朝、阿拔斯王朝、北非的法蒂玛王朝已经与中国和印度，以及东南亚地区一起，开创了一个以集约型经济和资本流动为核心的全球贸易体系。以水车、风车、煤炭开采为动力的工业生产；以合伙契约、合同法、银行、

---

[1] 参见［英］约翰·霍布森：《西方文明的东方起源》，孙建党译，山东画报出版社，2010 年，第 37 页。

远程信贷等相关制度的资本流动；以及航海技术的发达，促进了西亚地区、北非，以及东亚的生产、投资、商业和系统化的远程贸易，当然也促进了思想的融合。

当欧洲依旧处于中世纪的时候，中国宋代已经完成了从贵族社会到市民社会的转型。这一转型一方面令中国过早地摆脱了以资源聚集和对外战争为基础的帝国模式，也因此在蒙古帝国的征伐面前脆弱不堪；另一方面，阿拔斯王朝的学者们已经从波斯、印度、中国吸收了大量先进的医学、数学、思想、科技、文学成就，并创造了新的知识与文明体系。

与今天的普遍印象不同，中国是最早进行工业革命的国家。[①]中国从西汉（前2世纪）开始生产钢，到宋代时，根据罗伯特·哈特韦尔（Robert Hartwell）的研究[②]，806—1078年，中国的人均铁产量增加了6倍。英国在1788年（工业革命中期）的铁产量为7.6万吨，而中国在1078年的铁产量为12.5万吨。1080年，

[①] 相关论述见［英］约翰·霍布森：《西方文明的东方起源》，孙建党译，山东画报出版社，2010年，第47页。

[②] Robert Hartwell, "Markets, Technology, and the Structure of Enterprise in the Development of the Eleventh Century Chinese Iron and Steel Industries," *Journal of Economic History* 26(1966): 29–58.

四川地区铁与稻米价格比为 177∶100，陕西地区为 135∶100，说明当时铁价很低，并在 100 年的时间里减少了几成，而英国工业革命花了 200 多年的时间才达到相同水平。在宋代中国，这些铁被用于日常用品和工具，包括但不限于：刀、斧、凿子、钻子、锤子、犁、铲、铁锹、轮轴、车轮、马鞍、锅、水壶、时钟、吊桥上的铁链、城门或瞭望塔上的铁甲、大炮，以及印刷用的边框和活字；还有锯子、铰链、锁、炉、灯、钉子、针、别针、乐器……当时的中国已经在使用铸铁了，与之相关的技术包括成熟的鼓风炉和活塞式风箱，以及始于 31 年的水力技术。

从 5 世纪开始，以熔炼法生产钢材的技术也已经成熟。在北宋，焦炭代替木炭成为主要燃料，解决了森林采伐问题，也成为生产高档宋瓷的泛用燃料。在 10 世纪便普及到家庭单位的耐用石棉灯，意味着石油与天然气的开采及其在燃料和照明领域的运用。最重要的是，这一切都需要更广泛的工业基础设施、交通运输和社会行政结构作为支撑。[①] 宋代中国并非只有历史书上的山水花鸟和水浒英雄。

① 相关论述见 Joseph Needham, *Science and Civilisation in China*, V(13)（Cambridge: Cambridge University Press, 1999），190–197.

宋代中国还创造了以纸币为基础的税收体系，由此带来的影响更加深远。正如埃里克·琼斯的研究[1]指出的，宋朝政府放弃了劳役、实物税收，以及再分配土地的职能，促进了自由市场和私人土地市场的发展。宋朝不仅商业高度发达，且国家税收也主要来自商业部门，但其比例又很低，仅占国民收入的6%左右。低税收和重商政策又带动了新型城镇和大城市的崛起。

这一切革新不仅需要新技术，还需要提高农业领域的生产效率和收益率，将产品和人力解放出来。而中国的农业在6世纪时就完成了英国农业在19世纪时才完成的一切。水车和纺织等技术不仅影响了西亚地区，还通过贸易往来，将大到造纸、印刷、纺织，小到纺车的连接曲柄和控制杆等最小的技术细节一起传入欧洲。中国农民在宋代还享受到新的金融体系下的优惠贷款。罗伯特·坦普尔（Robert Temple）曾说："18世纪前欧洲原始的、惨淡的农业，与前4世纪以后先进的中国农业是毫无可比性的。"[2]西方中心论者喜欢把中国描述为"农业文明"，这个名字能成立的唯一原因，并非中国没有工业，而是中国农业兴起时，欧洲还没有像样的农业。

---

[1] Eric L.Jones, *Growth Recurring*, （Oxford：Clarendon Press, 1988），77, 81.

[2] Robert Temple, *The Genius of China*, （London: Prion Books, 1999），20.

另一个有趣之处在于，欧洲人把从西亚地区传来的水车等技术归功于自己的"文明祖先"罗马人。实际上，欧洲中世纪水车的核心技术是"杵锤"，而这是中国的发明。最早的风车则是波斯人在644年发明的，并且传到了中国以及欧洲等国家和地区，而不是大量史书里说的13世纪的欧洲发明。

　　在军事方面，当火药在850年被发明之后，北宋在10世纪前后最早研发并为军队列装了投掷火弩和火箭；南宋军队装备了世界最早的炸雷与火铳（单发装填的火枪）。到14世纪，元帝国的军队继续改良这些技术，制造出地雷和水雷，以及连续发射320枚火箭的发射装置。最早的带有翅膀和尾翼的长距离飞行火箭弹也出现在14世纪的中国。以上这些全都是中国地区首创的技术，并通过西亚地区的改良和传播，深刻影响了世界军用武器的发展[①]。在此之前，宋代海军船只已经超过2万艘，从1129年开始装备投掷器，1203年之后装备铁甲，其规模和装备超过欧洲海军力量的总和。这正回应了中国人发明了火药，却不懂得将它用于战争。中国确实输掉了战争，但中国人并非只懂得山水画和放烟花。

---

① 参见 Robert Temple, *The Genius of China*, （London: Prion Books, 1999）, 240.

在欧洲历史学家的论述里，欧洲的早期工业与理性的象征是钟表制造。欧洲第一座公共时钟出现在 1309 年的米兰，而第一个便携式钟表出现在 1335 年的米兰。可是，即便那些最善于把罗马祖先和科学联系起来的历史学家，也说不清这两件东西到底是谁发明的。北宋的苏颂在 11 世纪就制造出结构复杂的天文钟，其中包括钟表制作的核心技术"擒纵机制"。根据卡德维尔（D. Cardwell）的研究[1]，这项技术最早出现是中国的一行和尚在 725 年提出的。追溯这些历史并不是为了说明首先发明某种技术的国度就一定有某种伟大特质，而是为了回应一种论调：中国的技术虽然先进，但还不足以制造钟表这样精密的东西，精密的钟表代表了科学和理性。弗雷德里克·莱恩（Frederic Lane）的说法很有代表性："很显然……当远东的艺术家沉迷花鸟虫鱼和骑马的时候，达·芬奇和马丁尼在关心机械。欧洲的哲学家们将宇宙看作一个巨大的钟表，将人体看作类似的系统，而上帝则是杰出的钟表匠。"[2] 达·芬奇是 15 世纪中后期的，但这类毫无依据地污蔑远东艺术家的言语的确很有画面感，达·芬奇这个远东先进机械知识的爱好者，似乎变成了全世界最早发明复杂的机械结构的人，

---

[1]　D. Cardwell, *Technology, Science and History*, （Portsmouth: Heinemann, 1972）, 14.

[2]　Frederic Lane, "The Economic Meaning of the Invention of the Compass", *American Historical Review* 68 （1963）: 151–152.

这些画面感取代了历史本身，也影响了人们关于中国古代艺术的审美逻辑。

我们再将视角转向西亚地区。9 世纪，"智慧之馆"的建立标志着巴格达成为当时全球范围内最为活跃的技术与思想重地。那里的各项成就与中国的贡献一起，奠定了现代文明的所有基础。先讲数学，伊拉克在前 1700 年就掌握了勾股定理，而这是基于更为完善的代数和几何知识。那里的学者把圆周分为 360 度，一天分为 24 小时，把一小时分为 60 分，一分钟分为 60 秒。伊斯兰学者在 8 世纪采用了印度数字，并最终完善了后人所说的"阿拉伯数字"。在 12 世纪的时候，数学家花拉子密完成于 9 世纪的著作被译成拉丁文，他的名字"Algorithmi"和他的"代数学"(Al-Jar W'almuqalah) 在 200 年后才被译成拉丁文，并成为拉丁文中"算法"以及"代数"两个概念的源起。数学的基本方法得到极大拓展。在 10 世纪的时候，西亚地区的数学家已经完善了以正弦、正切、余切为基础的 6 种三角函数。这些研究把托勒密最初的"弦"理论提升到全新的维度，并极大推动了以球面几何为基础的天文学和工程学的发展。直到 16 世纪，这些内容对欧洲数学家来说依然是难以企及的。

从 9 世纪到 12 世纪，伊本·海塞姆的光学著作奠定了后世光学研究的基础；埃及内科医生纳菲的人体构造研究彻底否定了古希腊的观点，并领先威廉·哈维300多年。当300年后达·芬奇的人体解剖、光学和几何学研究成为"一个复兴的欧洲"的象征的时候，人们似乎刻意忽略了一个历史常识：这些学问并非达·芬奇通过某种神奇的天才继承自古希腊，而是由西亚和北非地区的人传入意大利的。除此之外，阿尔－拉齐（Al-Razi）等人发展了葛洪以来的中国医学理论[①]，建立了系统的免疫学、法医学以及诊断法，成为现代医学的基础。伊本·西那的《医典》被翻译为拉丁文，后者直到16世纪都是欧洲医学的基础课本。

西亚地区的学者在天文学上的成就与宋代中国的学者不相上下。花拉子密绘制了用于航海的星图，并计算了地球的周长。到14世纪的时候，位于今天伊朗西北部地区的玛拉盖学派的伊本·沙蒂尔发明了有关太阳系运转的数学模型。150年后，哥白尼的"日心说"理论模型与之几乎一模一样。

世纪以来的科学大发现的背后是新的思想体系的光芒。9世纪以来，西亚地区的思想家们，例如阿尔－肯迪（Al-Kindi）、阿尔－拉齐、阿尔－法拉比（Al-Farabi）等人，提出了"人是

---

① Joseph Needham, *Lu Gwei-Djen and Nathan Sivin, Science and Civilisation in China*, VI（6），（Cambridge：Cambridge University Press, 2000），124—125.

自由和理性的代表"的思想。阿尔－拉齐指出，每个人，只要掌握了理性的思考能力，就可以直接获得所有对神以及对世界运转方式的认知——也就是所谓的宗教与科学的"真理"。这意味着人是理性的掌握者与驱动者，而非一个形而上的理性结构（或者上帝的规则）的被动接受者。同时，这一思想过程不能被包括信仰在内的任何情感所左右，也不能被任何先入为主的结论所左右。伊本·路西德（Ibn Rushd）进一步指出，科学探究只有打破宗教教条才能实现，而神的存在必须基于合理的根据被证明。无论如何，它以更具指向性的理念为实验科学思想铺平了道路，后世欧洲的宗教改革理念也与之如出一辙。

古希腊以形而上学为主导的思想体系导致了实验科学的缺失，而 9 世纪以来开创的以人的经验和实验为基础的思想，不仅打破了欧洲以古希腊形而上学为基础的神学体系，还早于宋代理学，可以当作经验主义和实验科学思想的起源。这一思想传入中国，对宋代思想家造成了影响。这些思想是现代世界的常识，但它的出现则在当时是革命性的：不需要以形而上的方式给世界一个整体性的描述，而是在实践中发现更好的工具和更完善的方法，由此逐步推进知识的更新。如果任何古已有之的道理，经由合理的假设与证明，被发现是错误的，那么就理当被修改。由此，古希腊流传而来的许多带有神学色彩的理论被彻底改变了。

在欧洲，这一理念直到 18 世纪约翰·洛克的学说被接受后才真正成型，文艺复兴前期的罗杰·培根即便想在欧洲推广阿拉伯人的实验思想也是孤掌难鸣。对此，罗伯特·布里夫特（Robert Briffault）就指出："关于谁才是实验科学的发明者的讨论……是欧洲中心论对欧洲文明诸多误导中的一部分。在罗杰·培根的时代，是阿拉伯人的实验方法开始在欧洲被使用和推广。"① 在那之后，当阿尔—法拉比的《科学书目》被译成拉丁文的时候，正如威廉·麦克尼尔（William H. McNeil）所说："（所谓）西方人发现，穆斯林的严谨思维和渊博学识远远超过了古罗马的遗产……在人类文明的历史上，可能没有人能够比西方更安于窃用这些外族遗产了，除了希腊人在前 6 世纪（从埃及学习知识）的时候。"②

这引向一个更为深刻的结论，欧洲"文艺复兴"最引以为傲的"科学理性"和"人文主义"思想，尽管在后世的历史书里，是以复兴古希腊的面貌出现，但它们实际上都来自阿拉伯和东亚世界。迈克尔·爱德华兹（Michael Edwardes）说："文艺复兴是一种特定的幻象，它表面上对东方不理不睬，这并不意味着当时的人

---

① 由 Ziauddin Ahmad 引用，见 Mohammad R. Mirza and Muhammad I. Siddiqi, *Muslim Contribution to Science*, （Lahore: Kazi, 1986），117.

② William H. McNeil, *The Rise of the West*, （Chicago：Chicago University Press, 1963），602 – 609.

们真的这么做了……文艺复兴充斥着东方的影响。这些影响常常被刻意掩饰，其根源从未被真正承认过。"[1] 可是，罗伯特·哈尔（A. Rupert Hall）的观点却更为流行："欧洲并没有从东方吸收任何现代科学不可或缺的东西，仅仅是借鉴了一些东西，把它们融入欧洲的理性传统之中。这些传统是由古希腊建立的。"[2] 没错，这些史学家的主要方法就是把阿拉伯人塑造成古希腊文献的图书管理员。阿拉伯人的确翻译过许多古希腊著作，并成为古希腊文献在文艺复兴时期重见天日的契机，但这仅仅是阿拉伯人的贡献中最小的一部分。但是，后人在书写这段历史的时候，把它改造成了一段欧洲文明独自崛起神话：一千年前的古希腊著作如同人类文明的密码，不幸散落在野蛮且好战的阿拉伯人手中，一经在黑暗中苦苦探寻的欧洲子民发现，就打开了欧洲人基因中的理性与科学精神，并立刻给后世带来人文与科学的创新，激发像达·芬奇或哥白尼等人的天才创造。可是，人类作为一个整体，就是更容易相信这样的神话，不然这世界上的许多难题都会变得容易得多。

---

[1] Michael Edwardes, *East-West Passage: The Travel of Ideas, Arts, and Inventions Between Asia and the Western World*,（New York: Taplinger, 1971）, 94.

[2] 引用自罗伯特·哈尔的前言，见 Marie Boas, *The Scientific Renaissance 1450-1630*,（London: Collins, 1962）, 6.

人们其实很容易在文艺复兴时代发现一个被忽略的问题：为何欧洲在所谓"文艺复兴"时期的科学发现零碎而不成系统，且没有诞生任何以重塑世界观为基础的、真正的新思想？答案也很明显：欧洲人在当时仅仅处于学习西亚文明带来的各种新知的阶段，新的思想与科学对于欧洲来说本身就是外来的。它们并非伴随着任何被假定的、正在复兴的文明生长于欧洲那片土地上，而是像外来的"异国奇观"一样，冲击着欧洲人被宗教和形而上的神学所束缚的世界观。欧洲人开始在外在的刺激中摸索，最终花费了近200年才厘清科学对于思想和智慧来说究竟意味着什么。与之相比，西亚地区以及宋代中国以实验科学和"格物"为代表的探索世界的思想，甚至比各自系统性的科技成就都要早，因为思想才是创造性的自主科学发现的内在驱动力。由此我们需要谈论宋代中国最重要的思想体系的诞生。

新儒家的诞生

前一章讲到，禅宗的发展是一种世俗化的思想体系的萌芽。在晚唐禅宗的基础之上，周敦颐的《太极图说》则为宋代的"新儒家"体系奠定了基础。《太极图说》继承了禅宗对人与世界之关系的描述：世界本是不存在的（即"空"），但人的意识和意志倾向于承认世界的存在，这让自己所在的世界变得更加真实了。因此，人如果否定这个世界的真实性，是可以摆脱这个世界的束缚的。

在佛教的讲述里，不同的修行者对"否定世界的真实性"有着不同的看法，一般倾向认为，这是提升修行境界的必然（对"空"的领悟）。但是，对于由禅宗演变而来的世俗思想者来说，既然要以更加世俗的方式普度众生，就不能否定世俗世界的真实性。世俗思想就是要对现世和现实负责的，思想者必须以"人"的身份承认"这个世界"的存在。那么，既然这个世界本可以不存在，如今是因为人的承认才存在的，那么人便自然是其中的灵魂了——但又绝不是其中的主宰者。

在佛教和道教的铺垫之后，周敦颐让游离在更加广大的虚无中的人心降落在这个世界的地面上，也由此稳固了这个世界地面的可靠性：若没有人，便没有这个世界，但若没有这个世界，也便没有人。人与世界，是不可分割的一体两面。以心性为核心的，建立在内省基础上的个人自由，便由此与宽广的，直到宇宙尽头的世界观联系在一起。这令人想起盘古开天辟地的神话：世界的诞生，是由巨人站立在天地间开始的。这意味着人在发现这个世界的同时，必须意识到这个世界本身就是"人"的结果。在这一点上，北宋时期的中国思想家和西亚地区的思想家一起，成为真正的人文主义思想的开端。

今天的哲学常常以神话的方式，将思想对"人"的强调归功于古希腊哲学家。实际情况是，从毕达哥拉斯到柏拉图，再经由亚里士多德的发展，古希腊哲学最终归结为形而上学体系。在这个体系里，人和一切世间现象都要服从于某种纯粹的理性结构的秩序，因此人的内在需求和人性本身的重要性，以及世间一切现象和经验，包括以实验为基础的科学发现都是无足轻重的。

在中国，"亲民"的思想最迟在孔子的时代就出现了。在中国智者的脑海里，底层民众从来都是需要被关怀和考虑的一部分，即便墨子认为应该对民众施加严格的法律，"民"也是被作为"人"来管理的。至少在理念层面，君主是被要求作为全体民众的服务者和奉献者。思想者则必须是教导并辅佐君王，令其造福于民的。在这个系统里，没有人自视为高高在上的"观赛者"，每个人必须付出更多劳动并承担更多责任。尽管他们常常无法避免社会实践中出现的不公，但他们无论在理论还是实践中，都拒绝为奴役寻找任何的合理性，并以无法避免奴役为耻。

相对应地，既然要造福他人，中国的高古智者们也就没有将沉思与实践分离，更从来没有想过将纯粹的沉思崇高化。有识之士应该让世界变得更好，这并不是多么伟大的见解，更像是人的本能。从远古开始，中国的思想者就主动投身于世俗与大众之中，为了获得改变世界的力量，他们常常看重自己对统治者的影响力，并切实地投入改良社会的实践中。他们并不把"高尚"看作可以经由标准或思辨量化的东西，而是基于实践结果的内省：自己究竟在何种层面和程度上让世界变得更好了。柏拉图以及他后来的信徒们不这样认为，他们认为道德实践上的瑕疵无非是有趣的"轶事"而已，因为自己的纯粹理性和自己的行动无关。

这些区别并没有让中国在任何意义上成为一个具备"更高"道德情操的现代国家。如果把不同的思考方式都看作是追求智慧与文明的努力，那么它们本无高下之分。但是，现代学者继续奉行标准制定者的方法，贬低中国文人的实践是"实用主义"，是为了"讨好皇帝"，只有古希腊的"逍遥"代表了人类的崇高与纯粹……这是很容易获得认同的，跟"女性穿得暴露就是为了勾引男性"异曲同工。

新儒家思想真正重要且具有开创性的部分，是用自然现象取代了一切神明和纯粹理性结构的地位，强调人需要通过自然现象获得不断深化的经验，而这些经验则是认识世界，认识人自己，以及认识人与世界之间不可分割的关系的基础。这成为对现代世界影响极其深远的经验主义和自由主义思想的开端。在这方面，新儒家体系借鉴了《周易》的内容，但北宋思想家们用一种基于人的理智，重新梳理了《周易》对自然的描绘方式，由此将汉代以来的类似神学和神秘学的讲述，重新变成了一种基于个人的理智和经验来认识世界的方法。

今天的学者常常有一个误解，认为新儒家是一个特定的思想流派，实际上，新儒家是周敦颐之后，受到《太极图说》的启发，出现在中国的各种非宗教的思想流派的总称。如果说"哲学"这个概念在今天的确更方便描述非宗教化的思想，那么再一次用类比的方式来说，宋代的新儒家就是当时的现代哲学。实际上，"新儒家"这个词最初就是冯友兰先生为了方便欧洲理论体系里的人认识宋代思想，以及这种思想与哲学的差异而发明的。

既然新儒家相当于哲学，那么它也与哲学一样，不是一家之言，而是不同世界观，不同理论的总和。周敦颐的世界观描述，也通过不同的阐述和解释，成为不同学派阐述各自理论的参照。北宋以王安石为首的流派被称为"新学"；以程颐程颢为首的学派被称为"道学"；还有张载的关学，也就是后来的气学；另外还有苏轼、苏辙的蜀学等。到了南宋，最为重要的非宗教思想有两大系统，一个是奠基于程颢，成熟于陆九渊的心学；一个是奠基于程颐，成熟于朱熹的理学。也正如哲学都追求对某种真理的认知，新儒家也都追求对天理的认知。

邵雍的《皇极经世书》以《周易》的讲述为基础，结合数学和科学思想，为后世的"格物"树立了榜样，其中的一些科学发现也很可能体现了唐宋中国与阿拉伯世界之间的紧密互动。这里有极其重要的一点，就是新儒家体系成熟于 11—12 世纪的宋代中国，它所依据的不仅是对《周易》和"孔孟之道"的重新阐释，更与在那之前中国与阿拉伯世界在思想、科学和工业方面的进展紧密相连。我们很难找到两者相互影响的直接证据，但这些思想与当时的科学成就显然相互呼应。在今天学者的刻板印象里，人们总认为中国思想是所谓"感性"的，但新儒家所依据的经验，不仅是基于当时的科学进展的，更是其背后所体现的，对一种去宗教化的人的理智或者说理性的强调。以朱熹为代表的"格物"思想，并非今天人们刻板印象中的禅修或冥思，而是包含了对自然现象的认知以及整理和归纳这些现象的方法，其中便包含了当时的一切科学发现。或者说，我们今天所说的科学发现，本身也就是"格物"的一部分；科学方法本身也就是"格物"的重要方法之一。"格物"的本意是通过发现万事万物的特质来发现天地间的规律，以及人与世界的关系。在这里，发现万事万物的特质，本身就是依靠许多科学发现和科学理念来完成的。这些发现不仅是中国科学家的成就，还有很多是西亚地区科学家的成就。这些成就，连同它们赖以诞生的思想背景，在 14 世纪之前就塑造了一个生机勃勃的现代化世界。

宋代中国在思想（新儒家体系）、生产力（钢铁革命）、社会及权力形态（从贵族社会到市民社会的转变）等方面，都完成了

从古典社会到现代社会的转变，并且和西亚地区的文明一起，为
18 世纪以后的欧洲现代主义思想奠定了所有重要的基础。

显然，中国的文人阶层，或者说知识阶层，是绝不排斥理性
与科学思想的。与之相反，在中国从商周时代就开始强调的贵族
教育中的君子需要掌握的"六艺"当中，就包含了"数"，也就是
数学知识。后世常把这里的"数"理解为阴阳五行，这是极其错
误的，因为"阴阳五行"直到战国才由齐国的阴阳家邹衍所提出。
汉代的《九章算术》不仅已经包含了勾股定理和更加复杂的立体
几何算法，还包含了负数及比例算法。其中的"双设法"被阿拉
伯数学家所引用，并称为"契丹算法"，实际上就是中国的数学技
术传入阿拉伯世界的证明。只不过，《九章算术》也没有强调学科
分类，而是把数学和对自然规律的认知，以及各类社会实践紧密
结合在一起的。从另一个角度来说，中国的思想者们在认知自然
现象的时候，从来都将数学作为归纳和总结现象的重要工具。中
国思想中的"自然"，常常都体现在数学原理当中。这本身就是一
种非常先进的思想，是现代科学思想的基础。

新儒家对现代世界的影响

在欧洲文艺复兴时期，实验能发现自然的规律，而数学可以

归纳这种规律，这是现代物理学的常识，在那个时代却并非理所当然。在那时的欧洲，所谓"物理"（physics）本是继承自亚里士多德的一个词，是形而上学的概念。"物理"既不依靠实验，也不依靠数学，而是纯粹逻辑地演绎和归纳，这与今天所说的物理学毫无关系。而伽利略所用的发现"自然"的方法，是基于实验与数学的，这是现代物理学的开始。

从当时伊斯兰世界与欧洲的思想差距来看，很难相信这一方法是伽利略的独立发明，但要找到其借鉴的证据也非常困难。一切源自东方的影响，要在欧洲本地找到明确阐述都是很难的。弗朗切斯卡·布雷（Francesca Bray）就曾直截了当地形容过这一历史现象："如果我们想在他们的作品中找到对这种（来自东方的）影响明确承认的内容，将会大失所望：西方学者和发明家不知廉耻地相互剽窃对方的思想……我们可以肯定，他们也会毫不顾忌地将这些来自世界另一边的思想化为己有。"①

在 100 年后，受到伽利略影响的英国思想家约翰·洛克，提出了以"自然"为基础的经验主义哲学体系。终于，以实验事实发现自然现象的方法，在欧洲获得了完整的世界观的支撑。于是，

---

① Francesca Bray, *Science and Civilisation in China*, VI（2），（Cambridge: Cambridge University Press, 1984），571.

那个与约翰·洛克同时代，且站在伽利略肩膀上的，现代物理学的奠基人牛顿，才会将自己那本最重要的著作命名为"自然哲学的数学原理"。所谓"自然哲学"，就是区别于形而上学和神学的，以自然现象为基础的，探索真理的新方法，这是以约翰·洛克的学说为基础的。而所谓"数学原理"，则是以数学公式的演绎和归纳，而非形而上的逻辑理念，来归纳自然现象的原理，也就是伽利略已经在实践的方法。"自然哲学的数学原理"至今依然定义着所谓"物理学"。这个物理学与亚里士多德的"物理"不仅毫无关系，甚至正好相反。

不难看出，在欧洲，从伽利略开始，"理性"一词的边界终于被扩大了，其方法也发生了改变。它不再仅仅是形而上学的论述或者神学的逻辑，还可以是一种新的自然现象与数学之间的关系。这一关系并非欧洲基于古希腊思想的传统的理所当然，而是以中国和西亚地区的成就为基础，再从伽利略到约翰·洛克与牛顿，历经100多年，在艰难求索和层层阻碍中建立的。显然，"理性"一词也是欧洲思想不断经受教育与演变的结果，而非任何文明内在的天赋。同样明显的是，从伽利略开始，在新的自然与数学方法的指引下，以新的物理学为代表的自然科学逐渐成为一门独立于哲学之外的学科。欧洲也终于成为现代物理学和现代科学开始绽放的地方。

约翰·洛克不仅创造了一种迥异于形而上学的哲学形态，还给哲学注入了新的活力：哲学不一定是包罗万象且无懈可击的，它可以是源自经验、常识，以及关于"人之常情"的探讨，是开放且反权威的。最重要的是，人一旦开始通过自身经验和自己的摸索来认知世界，就意味着人才是理性的中心，而非任何超然结构的被动接受者。西亚地区在 700 年前确立的理念，以及中国从新儒家体系开始实践的思想核心，如今终于在欧洲成为一种哲学。在这种哲学的努力下，人自身的独立思考、自由，以及个人为自己谋取幸福的权利，才变得重要起来。欧洲由此打开了现代世界的大门。

约翰·洛克的每一项学说都很容易令人想起宋代理学或心学的内容，在约翰·洛克的思想诞生前后的年代，以"自然"为代表的中国思想在欧洲引发了广泛的讨论，这是确定无疑的。阿诺德·罗伯斯曼（Arnold H. Rowbothman）在《儒家思想对十七世纪欧洲的冲击》（*The Impact of Confucianism on Seventeenth Century Europe*）一书中介绍[①]，在 1687 年，也就是《人类理智论》出版前 3 年，一部介绍孔子思想的《中国贤哲

---

① 转引自 Arnold H. Rowbothman, "The Impact of Confucianism on Seventeeth Century Europe", *The Journal of Asian Studies*（1945）: 224–242.

孔子》在欧洲出版，译者在序言中强调："……这位哲学家的道德体系极其严肃，同时又简单、明智，取自最纯粹的自然理性。"阿道夫·莱茵士温（Adolf Reichwein）指出："人们会吃惊地发现，早在两千多年前的中国，孔子……用同样的方式在思考同样的思想，从事同样的论战……因此，孔子成了 18 世纪启蒙运动的基础先贤。"①

但是，正如约翰·霍布森所发现的，到 1780 年后，以孟德斯鸠、费奈龙（Francois de Fenelon），或者奥利弗·歌德史密斯（Oliver Goldsmith）等人的立场为代表，中国在欧洲的形象发生了极端的转变：中国忽然变成了一个落后的、专制的、野蛮的"堕落民族"，而欧洲的成就则忽然间变成了某个到那时候为止还闻所未闻的"西方文明"的独立创造。这一历史和身份的篡改反映出塑造一个虚构的"西方"的过程。今天的史学家依赖这一逻辑，以至于那些喜爱中国文化的人，也只能在东西方比较这样的框架之下来研究。很多人已经忘了，这世界根本没必要也不可能被分为"东方"和"西方"，也忘记了"东方"这个概念在 18 世纪诞生之时，就已经是用来衬托"西方"的工具，就如同毕达哥拉斯以"奴隶"来衬托"观众"一样。

---

① Adolf Reichwein, *China and Europe*,（Hong Kong: ChengWen Publishing Company, 1967）, 77.

　　本章的内容就到此为止。我们所谈的看上去与宋代美学毫无关系，但在一遍又一遍地赞美宋代美学之前，我们最需要搞清楚的却是上面这部分内容。我们所看到的宋人的山水花鸟，并非一个刻板印象中的文人式的中国传统的必然产物，而是一个生机勃勃的崭新文明，在取得了人类前所未有的成就之后，并未膨胀和自大，而是第一次将人作为"天地生物之心"的结果，让人与人性在宇宙万物间获得了独立、自由和尊严，并学习与自然和谐相处。这是宋代山水画所能告诉我们的真正内容。

知识与概念复习

1. "西方"与"东方"是自古以来就存在的客观实体，还是18世纪以来的一种以西方为中心的意识形态划分？

   参考答案：显然是后者。

2. 宋代的新儒家思想是对过去的儒家及儒家思想的继承吗？

   参考答案：宋代新儒家是一种全新的世俗化思想体系，它树立起非宗教的世界观，并成为人文主义、经验主义，以及现代科学思想的基础。

3. 宋代的文人美学是基于某种封闭的儒家思想，以及某种基于传统美学的风格与规则，还是基于崭新的思想与文明的发展？

   参考答案：显然是后者。

思考题

1. 本章所梳理的文明与思想框架会让你想起哪一件宋代的艺术作品？

2. 对宋代及世界文明脉络的重新认识，会如何影响你对宋代艺术品的观看与理解？

3. 摆脱了"东方"与"西方"的对立之后，你会以怎样的眼光去看待历史和现实中的文化与艺术？

第七章

现代化的中国美学

宋　代

有了前一章的铺垫，我们可以更加系统地分析宋元美学的特点。风景画的发展无疑是其中的重要内容，另外，我们还会重点分析一个前面章节一直没有谈论的重要内容——瓷器美学的发展。

宋代文明及社会的基本状态，及其与后世世界文明发展的关系，我们在前一章的分析中已经提到了很多。无论如何，要说宋代中国已经完成了当代意义上的"现代主义"革命，那么一定会显得很勉强。但是，宋代的文明形态的发展与"现代主义"一样，是一次文明结构的变革。首先，宋代思想诞生了人类历史上或许不是最早但却是最重要的，对现当代世界有着直接影响的世俗思想体系——新儒家体系。这个体系直接影响了欧洲的启蒙运动和经验主义的诞生。新儒家体系实际上是一次人文主义的思想革命，人和人性成为认知世界和自然的中心，是"天地生物之心"的产物，除了自然规律和善良人性的典范，人不受任何宗教、理念，或者权力的约束。其次，宋代虽然依然是一个集权帝国的延续，但经过了唐末五代的战乱和变革，其国家权力和社会结构已经从贵族社会变更为市民社会。以地方贵族为基础的权力结构被消解了，取而代之的是新的集权结构，以及以自由经济和自由市场为基础的大规模经济流动体系。在此之前，市民阶层已经从贵族体系中解放出来，直接参与到经济和阶层的流动当中。科举制度的变革也在其中起到了重要作用，隋唐的科举制从考试内容到选拔标准，都可以看作贵族世袭体系的注脚；而从宋代开始，科举制度真正为所有人开放了阶级晋升的通道。由此而来的，宋代中国在思想、科技、文化、经济等各方面都取得了结构性的进展。

"现代主义"的三个特征，第一个是关于人的部分，宋代中国的思想与道德体系是现代人权的完美诠释，甚至本来就是人的尊严与自由平等权利的最早倡导者。第二个是关于进步的部分，宋代文明在各个方面都完成了实质性的进展，例如基本的社会和权力结构、自由市场与自由经济。唯独在国家的具体政策的改革方面，以王安石为代表的新法派和以司马光为代表的保守派之间展开了激烈的争论。这场争论随着北宋的突然覆灭戛然而止。第三个是关于科学和科技的部分，前一章节也做过分析，北宋的"格物"思想实际上是包含了以经验主义和实验科学为基础的科学方法论的。但是，中国思想体系对以"知行合一"为代表的个体综合行为的重视，超越了对学科分类的需要，使得一种被命名的、独立于思想或哲学之外的、被作为独立的认知世界的方法的"科学"学科并没有在中国出现，但这并不意味着中国在科学研究和科技水平方面的落后。相反，宋代中国和当时的西亚文明共同构筑了现代科学从理论思想到技术成就的一切基础。中国在数学、工业、农业、建筑、医疗等各方面的理论、技术及产业规模的领先一直持续到 18 世纪，在一些重要技术上的领先（例如转轮炼钢法）甚至一直持续到鸦片战争时期。

从这三点来看，如果我们把人类文明看作一个相互启发、共同发展的整体，而非两方互相竞争且一方必然战胜另一方的文明竞赛（前一章讲到的西方神话的塑造，以及被鼓吹的西方对东方的必然优势，就是这一竞赛逻辑的产物），那么宋代中国无疑是人类进入现代化世界的重要动力，并且对现代世界产生直接影响，并留下重要遗产。我们将宋代中国称为"现代化文明"，并非任何基于历史浪漫主义的形容或类比，而是因为宋代中国以及哈里发时期的西亚文明就是人类现代文明毋庸置疑的开端。

在此基础上，我们得以谈论宋代中国的"现代化美学"。而现代美学在宋代中国的具体体现则是文人美学的成熟。

文人群体的发展脉络

经过前面章节的梳理，我们不难看出，所谓的"文人"如果扩大其所处时代的限制，那么就是各个时代拥有当时最先进的思想以及知识水平的人。用今天的概念来说，可以称为"知识分子"或者"知识阶层"。文人并非今天刻板印象中的固定的、僵化的"儒家思想"的代表。由此，我们再把前面章节的相关内容梳理一遍。

在神话时代，文人就是当时的部落领袖或者巫师，这两个角色在早期往往由同一个人担任。这些人掌握着各种自然、技术、管理及战争知识和能力，是综合能力极强的小型社会群体（原始部落）的领导者。这些领导者的故事往往成为后世神话的起源，例如炎帝和黄帝的传说，就可能综合了不同的杰出部落领导者的原型。

在商周时期，国家领导阶层的成员出现了基本的分工，比如说，至少国王和巫师开始由不同的人分别担任。在那时候，知识文化还并不普及，文人往往就是由当时的巫师演变而来。他们是国家的知识领袖，他们掌握国家的文字和礼仪——在国家形态的初期，这两者是最为重要的思想核心。在人类历史的长河中，文字在很长时间是权力阶层的专属，例如在中世纪欧洲，只有教会成员有权学习文字，主要用来研读和抄写《圣经》。在中国，文字在早期也被作为一种来自上天的权力的代表，例如镌刻在青铜器上的文字被认为是可以赋予青铜器某种崇高力量的神秘符号，因为接受青铜器的分封国最初是不允许被识别这些文字的。这种文字崇拜在后朝很长时间内也有体现：较典型的有兵符，在汉代是唯一的军队权力的物证。一个将军如果没有兵符，即便所有士兵都认得他的长相，也不会承认他的权力。直到今天，人们还会在春节的时候贴"福"字，这也是一种源自远古的相信文字会带来某种崇高力量的习俗的体现。

在春秋战国时期，文人由当时的独立思想家所代表，当时的诸子百家往往就是这样的人。他们往往游走于列国之间，一方面自称是商周乃至尧舜先贤所指定的"正统"道德及礼仪的继承者；另一方面又提出各种新的思想和理念，并希望自己的思想和治国方针能够被采纳。重要的是，他们之所以有此希望，是因为中国的思想者从来不认为纯粹的思想是有价值的，思想必须与广义的"普度众生"的实践相结合，那么在这些实践当中，能够影响当时权力阶层的实践必然是有最大作用的。根据日本历史学家平势隆郎的研究，这些知识分子在当时也可以被称为"游侠"，因为他们在游历过程中的状态更类似独立的无政府团体，有时还会被迫甚至主动地参与到武力行动当中。

在汉代，文人便是当时以董仲舒为代表的儒教团体成员。他们为了刚刚形成的拥有广阔疆土的统一帝国的稳固，以及中国的国家及文化身份的稳定，结合了商周和春秋战国时期的各种思想，并选择孔子这个远古的形象，作为一个新近形成的、统一的国家意识形态的代言者，由此建立了儒教。在汉代，还诞生了作为少数对立派的另一群思想者，他们以区别于儒教的道教为基础，力求摆脱儒教的统一管理，并追求独立的生命价值。

在魏晋南北朝时期，随着汉帝国的结束和儒教的衰落，本地化的道教以及来自古印度的佛教逐渐成为新思潮的代表。在这个过程中，道教和佛教的教义同时强调个体生命及个体精神世界的提升，由此成为中国的知识和思想群体摆脱儒教的大一统结构的参照，并促进了个人主义的发展。由于南朝是延续自汉代的贵族社会，当时的知识和思想群体几乎被贵族阶层所垄断，他们以家族和荣誉为基础的自我中心主义与佛道的自我中心主义相符，这使得他们在笃信宗教的同时，可以同时关注受到教义鼓励的独立而自由的自我精神世界。

那时候并没有今天人们印象中的世俗思想家（文人）与宗教信仰者（教徒）之间的分野。这使得文人的身份与我们今天的刻板印象出现了一个很大的偏差：文人是他们的历史身份，而他们在当时的社会身份往往是道士或者僧人。这并非指道士可以兼顾文人的身份，而是当时的思想者必然以宗教思想为依托，因为世俗思想还没有出现。于是，一个有思想的人，就必然是一个有宗教信仰的人。或者说，一个受过高等教育的人，也必然会受到宗教思想的教育，因为宗教在那时候就是高等知识与思想的载体。这实际上与欧洲现代主义运动之前知识分子或者思想家的身份必然是基督教信徒的情况是一样的。

不过，南北朝时期的宗教成员们，成了一种后世所说的独立思想者，或者说独立知识分子，或者说更加狭义上的文人的最初状态。他们与汉代文人的区别在于，不再服务于某种统一的意识形态,而是在教义的鼓励下,开始探索基于自我感悟的独立世界观。这种独立并非完全基于个人理智与经验的,而是道教及佛教本来就鼓励信仰者去探索自身的内心世界,而并不强调对任何神明本身的依赖。

另外,儒家成员在当时则成了少数派。在一个四分五裂、大部分人都更加关心自我的时代,儒家对天下百姓以及对正统的责任感又显得珍贵起来。道教领袖葛洪颇具远见地强调并传承了先秦时代的儒家经典,由此为后世的儒释道融合奠定了基础。

在唐代,文人阶层的状态也基本如此,只是随着佛教的兴盛,文人更多与佛教教义而非道教教义结合在一起。文人阶层的权力通过佛教机构的权力而扩张,并逐渐腐败,并由此引发了晚唐的灭佛运动。与之同时的,来自佛教内部的一股小众的反宗教思潮不断发展,开始探索一种世俗化的、反佛教体制的、基于个人理智而非宗教教义的世俗思想,这就是禅宗。在主流佛教学说及其机构逐渐僵化的情况下,禅宗代表了一种崭新的思想状态的萌芽。也可以说,禅宗实际上是一种发起于佛教内部的、强调世俗化的思想解放的宗教改革。那么显然,在中唐以后,或者说在禅宗的普及之后,中国当时最先进的思想一定是诞生于禅宗群体的。这并非禅宗作为一种宗教控制或者说统治了人们的思想,而是在当时,无论中国还是人类世界的任何一个地方,都还没有诞生过超越宗教的、以人的理智为核心的、完全脱离了宗教的世俗思想。不过，禅宗已经展示了明确的世俗思想的萌芽，这在宋代最终发展为上一章已经重点论述过的新儒家体系。它意味着宋代中国已经从人类文明的宗教时代进入人文时代。

宋代的世俗思想群体成为独立于宗教的思想体系的建构者，他们提出了各自不同的世俗化的世界观。这些体系有一个共同点：都以对自然规律，或者世间万象的观察和体悟为基础，并将一切思考建立在自然与人世所提供的经验之上。在当时，这些世俗化学说的提倡者以"孔孟之道"的名义推广自己的学说，并成为后世印象中的中国文人群体的代表。在后来，这一思想体系又影响了伊拉斯谟的人文主义思想和约翰·洛克的经验主义学说，并成为现代社会的自由主义和科学理性的代表。在宋代，世俗思想体系逐渐成为社会主流，也成为儒、释、道三家融合的主导者和主体。同时，知识阶层不再是世袭的、独断的，而是开放的、多元的，是面向广大市民阶层的。

佛、道两种传统宗教则成了少数派，并由于文化的开放和多元，得以延续自己的宗教特征，并保持了强大的影响力。禅宗在宋代成为佛教的主要传承者，并且由于自身也具备开放且松弛的形态，得以在世俗思想者当中广为流行，成为被新儒家体系所纳入的佛教智慧的载体。道教不仅对新儒家体系产生了影响，还以其自身的神秘色彩保持了对皇帝的吸引力。这形成了一个奇怪的现象：在北宋这个新儒家思想如火如荼的时代，世俗思想者们专注于在新的社会和政治形态中如鱼得水地工作，对讨好皇帝毫无兴趣；皇帝在被以从欧阳修到王安石为代表的新儒家学者包围的同时，又被他们在情感上所冷落，于是常常成为那个传统而神秘的道教的信奉者。

到此为止，我们还需要强调本节开头讲到的极其重要的一点，就是前面所梳理的这些思想，都仅仅是文人群体在世界观层面的指引。中国古代社会是没有学科分类的，文人并非仅仅是今天印象中的思想家、艺术家，或者政治家，文人包括了那个时代中国的一切知识群体，他们是古代世界在教育、数学、天文、工业、农业、建筑、水利、化学、医疗、军事等理论和技术领域最顶尖的工作者，也是现代世界的奠基人。他们并不以自己的专业领域为荣，因为根据古代社会的要求，他们往往跨越多个领域，诗书画往往是他们的业余爱好，熟读思想和文学经典是他们的基本修养，而他们对自己身份的最终追求，则是成为一个"风化天下"的"君子"。

宋代文人艺术的开端和理念

在唐代，虽然山水画已经有了王维这样的先例，但它并非中

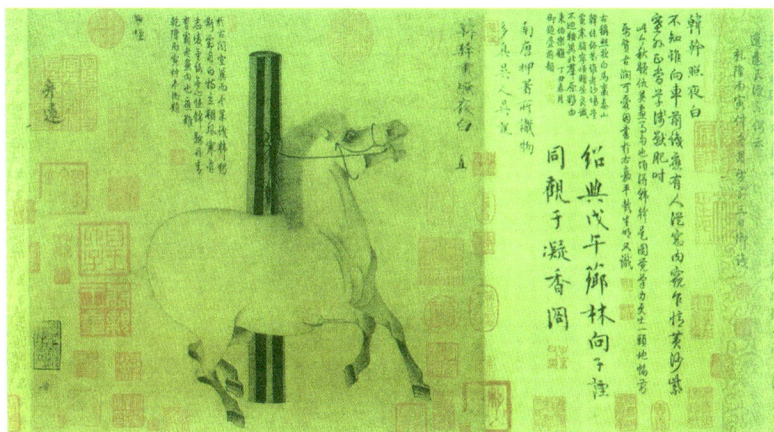

图 1 照夜白图 唐 韩幹

纸本水墨 30.8cm×33.5cm
大都会艺术博物馆藏

国艺术理所当然的传统中的一部分。在那时候，还没有人会认为，
中国的文人如果创作艺术，就必须描绘山水。前文谈论过，唐代
文人的社会身份主要是僧人，尤其是晚唐的禅宗一派，因此晚唐
到五代的文人艺术中有很多禅画，但晚唐的部分几乎没有被保留
下来。

贯休的作品是其中的稀有代表，如今在日本的美术馆还能看
到。他们使用区别于当时宫廷绘画的毛笔和单色水墨。在那之前，
使用单色水墨的绘画罕见，即便有韩幹的《照夜白图》（图 1）这
样的作品，也只能看作毫无缘由的个例，而且这件作品是否为宋

人伪造也还存疑。显然，我们无法确定禅画是否最早将本来用于书法的单色墨用于绘画，但它们至少是这一趋势的很早期代表。禅画使用单色墨是有着明确的基于禅修的思想缘由的，这样的思想才是一种美学得以发展的基础。在那之前，即便有单色墨的绘画作品，也仅能看作偶发，例如即便王维的作品也是使用了彩墨而非单色墨，因为对他来说，并无执着于黑白的必要。而对于禅画的作者来说，黑白则意味着世间表象需要让位于自己的感悟。当然，除了禅宗思想以及禅画的促进，中国文人绘画对单色墨的喜好还有另一个可能的来源，就是印刷术的发展。唐代中国不仅拥有先进的印刷技术，图书量和印刷品的普及程度也都和当时领先世界的教育水平相匹配。阅读印刷品，或者自行抄写印刷品的内容，成为当时逐渐流行的文化生活。不难想象，黑白印刷品就像电视刚普及时候的荧光屏那样，提供了一种新的视觉形态。就像电视为当代艺术提供了新的视觉形式一样，印刷品也很可能促进了单色墨艺术的发展。

另外，中国绘画中以刻意突出的方式，直接将造型的笔法与具有书法感的笔法结合在一起，也确实始于贯休。在那之前，笔法本身的存在感从未被提升到如此明确而重要的位置。十世纪的石恪继承了贯休的风格，将直接的笔法与夸张的造型结合在一起，表现禅修中的领悟所带来的观看世界的崭新方式。比如《二祖调心图》（图2）就是两人风格的代表。这种直接的笔法在后来成为

图 2   二祖调心图（局部）   五代   石恪

纸本水墨   高 44cm
东京国立博物馆藏

文人画的重要参照。我们今天常常用各种有关禅意的形容词去形容这样的禅画，但我们更需要知道的是他们的作者并非在创造任何笔法的规范，也并非在沿用任何"传统"当中早已存在的笔墨规则或者美学习惯。他们是将当时前所未有的最前沿的时代思潮凝聚成了前所未有的绘画造型方式，或者说，是艺术家的非常个人化的观看方式。这样的创造就像今天的当代艺术一样，反映的是一个时代的活力与思想的进步。

在五代和北宋早期，也就是从 950 年到 1050 年的这段时间里，中国美学传统里最重要的山水画逐渐具备成熟的面貌。在前文提到的早期佛教绘画中，风景是作为背景存在的，而现在，风景终于具备了自己的精神与灵魂。这是新儒家体系强调大自然的重要性的产物，也是每位艺术家对自然的体悟的表现。10 世纪中国活跃的文人艺术家主要以荆浩、李成、董源、巨然为代表，其中巨然是一位僧人，而另外三位则都属于逐渐世俗化的文人阶层。

荆浩《画山水论》奠定了山水画的基本方法，指出基本要素是气、韵、思、景、笔、墨。与南朝谢赫的"六法"相比，荆浩不仅将"气韵"更加具体地分为两部分，也显然将思想（思）和风景（景）放在了笔墨之前，强调画家和景物之间的个体化的、亲密的、基于精神性的联系，是比任何具体技法都要重要的。在荆浩的画论面前，谢赫的"六法"就显然只模糊地提出了气韵，然后在意的便都是技法层面的事情了。荆浩出于文人尊重前辈的习惯，沿用了"气韵"，但"思"与"景"的关系才是更重要的。在技法层面，笔法和墨色两个词，就概括了谢赫所说的一切：技法都不是固定的，骨骼可有可无，应物可像可不像，赋彩亦无所谓，位置摹写更是可以任性而为……对于每一个画风景的人来说，这些都仅仅是他自己的笔法与墨色，而不是任何需要遵守的规定，而自己与风景之间的紧密而个性化的联系，才是最重要的。这成为北宋风景画发展的基础认知。这一认知显然与文人对基于禅宗和新儒家脉络的、自我与自然的关系的重新认知有着直接的关系：只有认识到了自我与自然之间的关系的重要，才懂得描绘风景本身就是对这一关系的探寻或确认，而非任何基于传统绘画规则的技法展示。从这里开始，"风景画"或者说"山水画"这门艺术，才算是在中国真正诞生了。

北宋早期那些杰出的文人画已经被讨论得很多了，例如郭熙、范宽、许道宁、燕文贵等人的作品。我们不再一一介绍这些作品，而是首先要注意郭熙的绘画理论。

郭熙受新儒家中的理学一家影响很大，强调事无巨细，每件小事情、每个细微的事物，都体现了自然运转的方式，所以理学所说的"格物致知"，就更加强调要在每件具体的事情上下功夫，而非静坐冥想。这是与宋代科学与技术的发展息息相关的。郭熙将这种思想转化为画论，就成为他在《山水训》中所说的，要观察自然景物在不同气候、不同光线、不同季节的特点，以及水流和行云的动态，尤其注意各种细节。但是，他又说："山以水为血脉，以草木为毛发，以烟云为神彩。"这认定了一种个人化的以看待生命体的方式去看待自然的方法。这种方法并非任何新儒家的思想内容，因为新儒家中的自然并非生命体，而是生命的源头。这种说法是带着诗意的，看上去与他前面所强调的十分细致而严谨的观察方式是相违背的。实际上，郭熙所说的这种诗意的感知，是建立在前面的严谨观察的基础上的。"诗意"并非随意的个人发挥，而是以理智的格物为基础。

这一切都反映在他的代表作《早春图》（图3）里。很显然，这幅画里没有任何过分细致的细节，但每一处又凸显了自然的气质，那些细节并不需要用画面来彰显，而是要融入画家对每一笔的理解当中。在另一方面，草木和烟云都成为勾勒和确认山体结构的视觉节点，形成一个有生命力的整体，并让整幅画里的每件事物都似乎往无限的四周扩散开来。这样的形式以极其准确的方式彰显了新时代艺术家的世界观：人与自然一体，都称为"心"；客观与主观一体，都称为"物"；理性和感性一体，都称为"性"；它们之间不断流动交织的方式，便是"理"。用绘画的方式表现出这些东西，便是拥有了在自我和万物之间流通无阻的"气"，以及如音乐般回响于内心与天地这个共通空间之中的"韵"。

《溪山行旅图》（图4）无疑是北宋文人艺术的另一件代表。它和《早春图》一样表现出唐代宗教壁画的许多技法，以及十分朴素的皴法。在那个时候，北宋的山水画家都在探索一种新的艺术形式，他们没有可以遵循的规范。他们和王维一样，在表现山体的体积感的时候，并没有遵照任何已有的被归类的"皴法"或者笔法，而是遵循自然的特征本身。笔和墨就是他们与自然相联系的通道，而这个通道必须由他们自己去寻找和建立。他们的绘画就像他们在新世界里找到的自我一样自由。

图 3　早春图　北宋　郭熙

绢本设色　158.3cm×108.1cm
台北故宫博物院藏

图4　溪山行旅图

北宋　范宽

绢本设色

206.3cm × 103.3cm

台北故宫博物院藏

宋代的院体画与文人画

　　作为一种新的艺术形式，风景画在北宋早期是十分稀有的创造。12 世纪初，在刊印的《大藏经》的插图里，出现了图 5、图 6 中的画面。由于它的佛教题材，僧人取代了文人或旅人在风景中的位置。这幅画的构图显然是受到了宋代文人风景画的影响。这表明了一个趋势：风景画作为一种新的题材，已经流行并普及开来，以至于可以影响大宗印刷品的插图了。风景画流行的另一个结果则更加被人所熟知，那就是风景画开始在代表皇室品位的"院体画"里占据主导地位。

图 5　《大藏经》插图

图 6　《大藏经》插图

宋初,官方延续了南唐和后蜀的做法,设立官方画院,称为"翰林图画院",招募画师为皇家作画。到宋徽宗时期,由于皇帝的爱好,画院空前活跃,因此徽宗时期的画院也根据他的年号被称为"宣和画院"。徽宗与艺术的故事实在太多,这里不再赘述。我们需要了解的是,宋徽宗对中国艺术最大的贡献,是把当时最前沿的文人艺术创作变成了官方艺术的形态加以教育和推广。要知道,自现代艺术诞生以来,由于前沿艺术创作往往展现了前所未见的理念与形式,要被大众所认可是十分困难的。北宋初年,许多只观看过宗教绘画的观众,面对那些单纯的风景画,会跟今天的许多当代艺术展厅中的观众一样,提出那个自古存在的问题:"这件作品到底什么意思?"稍微一想就会发现,那些观众不会像我们今天的刻板印象中那样,认为自己看到了某种理所当然的伟大的中华美学的传统,而是会对眼前不符合自己审美习惯的作品感到莫名其妙:"为什么给我看一座山,里面没有佛陀的故事,也没有帝王的故事,只有几个旅人——你想表达的是什么意思?"这些问题的答案往往要在几百年后才自动浮现:"你连这都看不懂吗?"宋徽宗的画院不仅大大加快了文人画以及文人意识形态的普及,还保持了对前沿美学的探索。画院与文人画的关系也很重要:画院并非文人画的创造者,而是其美学理念的接收者和传播者。

宣和画院中的创作很多并非对既有风格的重复,而是不断推动着中国绘画发展的。现当代艺术往往具有反权威和反主流的色彩，而自现代艺术诞生起，各国的官方艺术一般也更愿意推广经典的、过往的、稳定的艺术，对前卫艺术则保持着天然的距离。对今天的当代艺术家来说，"流行"一词往往带有贬义，是自己的创作需要规避的。在前卫艺术发展的历史上，最前卫的艺术创作与最权威的官方品位曾经达成了空前的一致，这就是在宋徽宗的时代。究其原因，宋王朝的权力体系与文人体系是高度统一的。即便画院中的画家往往会因其职位而丧失文人的身份，成为工匠，但他们不仅拥有很高的文化水平，而且依旧是直接受文人阶层领导的，是前沿的文人精神的代笔者。院体画在宋代美学中的前沿地位一直持续到南宋，像马元和夏圭这样对后世风景画影响极其深远的画家，也都是南宋画院的成员。

画院的探索方向为皇帝的品位所主导，但宋代的文人艺术不可能由他一个人所概括。在艺术的发展历程里，每当一种创作被视作主流，无论它多么具有前瞻性，只要有艺术家依旧保持个人与内心的自由，就一定会促成一种与之相悖或者与之疏远的创作出现。当院体画的审美倾向影响到全国，一种拒绝院体画方向的、更加狭义的、由文人中的前卫派创作的文人画便同时诞生了。这些作品往往由一些远离皇室和画院权威的官员或文人所创作，其中具有代表性的就是苏轼、文同、米芾及黄庭坚等人的创作。

这些作品有一个显著的共同点，就是基本继承了禅画和五代北宋早期山水画的材质，用单色水墨，并且往往在纸上而非绢上作画。与之相对的，院体画往往使用彩墨和丝帛，可以创造出更加华美的效果。于是，这些更加狭义的"文人画"就首先从面貌上具备了一种回归五代北宋初年的倾向。这里的回归实际上是相对的。我们可以想象，如果院体画主要以单色墨和纸为媒介，那么这些文人画很可能也会反其道而行之，以丝帛和彩墨为主，并改变后世文人画的走向。丝帛和彩墨也有其更久远的渊源，例如在复原壁画的色彩，或者创造更厚重的层次感方面，它们也的确有着自己的优势。唐朝的彩墨壁画与单色禅画，到底哪一个才更值得回归呢？由于院体画选择了前者，于是文人画选择了后者。这不仅是一种刻意疏远的必要，也有着天然的合理性：显然宫廷更能负担昂贵的丝帛。但是，我们也不能想当然地认为，使用昂贵的材质就代表了一种自大和腐朽，因为丝帛彩墨也的确有着很好的表现力。而且，宫廷作为学者大家云集的新儒家思潮的核心地带，又为什么要推崇常见于禅画的单色墨呢？在那个时候，谁又能说中国的文人画就一定要是纸上的单色墨呢？各有各的道理，总之，所谓历史的偶然与必然，其实仔细看看，都可以说是自然而然。

从绘画风格上来说，这些作品更加强调笔墨的直接性，可以说继承了禅画的技法，以及荆浩的理念。其中比较著名的就是苏轼的《枯木怪石图》(图7)。与五代或北宋早期的董源或者范宽

图 7　枯木怪石图　北宋　苏轼

纸本水墨　26.5cm×50.5cm
私人收藏

等人的作品相比，它显然大大减弱了再现逼真场景的努力，而更加强调自我对世界的观察。如果说董源和范宽代表了一种对自然的激情，以及一种源自缜密描绘的肃穆感，那么苏轼等人的文人画则强调一种源自自然的超然，并且以更加直接而极端的形式表现画家本人的内心世界。这种超然和大胆在早期的山水画中很少见，只有郭熙的作品中拥有这样的特质。这或许也是郭熙在当时拥有更加超前的风景画理论的关系。可以说，他的理论以一种更加极端的、更加个人化的形式被苏轼等人继承了。

苏立文先生将"文人画"的转变归结为新儒家的发展，他认为是理学对个人体悟的强调超越了对具体对象的调查和研究，因此不再追求科学式的严谨描绘，所以才有了苏轼等人的创作。这一结论极大地误解了理学的发展，也误解了"科学"和"严谨"。首先，理学和心学一样，都从来没有脱离严谨和具体性。其次，如果仅仅因为《枯木怪石图》这样的作品减弱了再现性，就认为它是不严谨不科学的，那为什么再现就一定是严谨的呢？那么照片就一定比绘画严谨吗？这仅仅是欧洲古典艺术的主流地位和摄影的发展所带来的一种刻板印象。前文已经说过，郭熙的《早春图》显然是不够逼真的，但其中透露了基于严谨的超然。这种严谨之上的超然，才是苏轼等人的文人画所继承的东西。"超然"并非"严谨"的对立面，而是"严谨"之上的个人精神的进一步体现。中国古代美学是没有非此即彼的二元对立的。

在中国文人看来，任何风景、任何事物都不是绝对客观存在的，而是在自我的观察与感悟中存在的。对眼前真实的事无巨细的照片式的再现描绘，也并非就反映了任何客观真实，而仅仅是放弃了自我与自然之间的紧密联系。

苏立文先生在他的《中国艺术史》一书中，谈到了宋代风景画与透视之间的关系。他认为欧洲绘画对透视法的使用是基于某种"西方"的科学意识，而中国的风景画则是没有单一灭点的，每一处的空间透视都是变化的，动态的。这种描述大体没有问题，但他似乎也被自己的同行所影响，再次误解了"科学"一词。正如前一章所说，在从 7 世纪到 17 世纪的人类世界，唯一懂得用数学原理去研究自然现象的是西亚地区和中国的科学家，这是由这两个文明以自然为基础的思想来支撑的。这种被后世称为经验主义的研究方法便是现代科学的起源。那么在那个时候，如果任何地方的艺术家有资格说自己的作品体现了科学意识，也只能是这两个地方的艺术家。但是，中国文人并不重视学科分类，也没有发明"科学"这个词，他们的艺术创作体现的是导致科学方法产生的思想，也就是新儒家体系以自然为本的思想。在这种思想里，什么样的透视法是更符合自然的呢？并不会有这样的规定。正如荆浩所说，在宋代的风景画里，一切空间结构都需要反映自然与画家本人的联系，这种联系是内省的、多变的，既反映画家的内心世界，又与真实自然带来的感知相符。其结果是，宋代的风景画并没有规范化的透视线或者灭点，但那些作品令人看到了艺术家内心的气韵与精神，同时，又丝毫不让人觉得作品有任何对自然面貌的扭曲或者夸张，反而让观众觉得他们看到了自然的精神本身。

在文艺复兴时期的欧洲，当拉斐尔的作品被形容为"自然"的时候，欧洲人所说的"自然"并没有任何经验主义思想支撑。他们口中的"自然"，还是亚里士多德所说的对形而上的纯粹理念的符合。也就是说，拉斐尔的作品所表现的是某种源自形而上学理念的崇高，是规范化的、合规矩的，而非以经验主义所说的自然现象为基准的生动自然，或者自然而然。可是，为什么符合透视法的作品才能体现这种形而上学的"自然"呢？难道形而上学所说的绝对理念必须由透视法来表现吗？从欧洲当时的美学理念来说的确是这样，因为透视法本身所依据的几何知识更能体现一种数学的绝对理念。形而上学也认为行星轨道必须是圆形的，因为圆形比椭圆形更加符合绝对理念。其中有一种形而上学自身无法规避的矛盾：透视法所代表的几何式的规范所体现的是一种人眼的表面感官，而形而上学又说，任何表面感官都不能反映那个绝对理念。如果说是圆形的几何表述更加简明，简明的东西就更接近绝对理念，这更并非理性的判断，而是一种比风景画要诗意且散漫得多的直觉认可。

顺便说一下，中国的艺术家不使用数学知识来创作，并非他们没有掌握这些知识。汉代的《九章算术》里面就已经有了足以描述和计算透视灭点的立体几何算法。周王朝以来的"六艺"当中也包含了对数学的掌握。但中国的文人在画风景的时候，是在寻找他们所感知到的，那个可以由数学来描述，但无法由数学来解释，更无法由数学来规范的世界。这个世界最终也被 18 世纪欧洲的风景画家们所领悟，并成为欧洲浪漫主义风景画的起点。那个掌握了科学的欧洲，终于也有自信去面对那个难以捉摸的自然。

但透视法被打破则要再晚一点，几乎要等到中国晚清的艺术家终于开始对透视法感兴趣。

在宋代绘画里，任何创作都是以对自然对象的审慎观察和体会为基础的，而创作则是观察和体会的结果的表现，是画家在自我与自然之间所建立的独特联系的体现。这种体现是不以逼真程度为标准的，而是表现自我与自然的关系的过程本身，其标准是气和韵的通畅与美好的程度。怎样的程度更好呢？越是接近自然本身的气和韵，就是越通畅、越美好的。怎么样算是更接近自然本身呢？就要每个人根据各自的经验去体会了——标准是不存在的。宋代文人的美学标准，只能是文人群体对自然的体悟所达成的某种难以言表的共识。这种共识存在，并可以体现在每个人的创作中，但它无法形成成文的标准——归根结底，这是因为每个自然当中的人都是独立且自由的，不受人为标准约束的。

以苏轼为代表的狭义上的文人画的发展，与其说是对新儒家思潮的反映，不如说是对院体画以来的绘画风格的反思与叛逆。与院体画相比，它们的确更加强调笔墨的存在感，弱化景物的真实感，并由此突出画家的个人体悟。在自我与自然的关系当中，苏轼他们更加强调自我的存在感，与之相比，院体画中的文人画就更加凸显自然。但是，这种比对，是由狭义上的文人画所发起的。我们可以想象，如果没有这些文人画，院体画当中又何尝没有笔墨，何尝没有画家的自我，何尝没有弱化风景的真实感，并突出一种自然与自我的协调呢？但是，一旦成型的院体画被当作一个对象，被新出现的文人画进行刻意的反思与比对的时候，它们自身的特征便只能被压缩到几乎不存在的地步。从狭义的文人画开始，笔墨变成了必须是更加可见的、更具书法感的；自我才变得必须更加超然，更加弱化景物的真实感。在那之前，荆浩所说的笔墨存在于一切描绘自然的手段当中；在那之后，笔墨变成了一种画家表现自我的必然手段。于是，皴法才逐渐变成了规则——在早期文人画中，所谓皴法不过是画家自然而然地描绘山体的必然手段罢了。

由此来说，在艺术的发展历程中，以苏轼为代表的狭义"文人画"完成了一次美学发展的壮举：它们第一次以之前存在的风格（院体画）为对象，进行了有针对性的变革，并由此突出自身的思想内涵。在这之前，绘画的变革都是主题、技法，或者描绘对象的变化，而非任何风格，更无对其背后的美学思想的刻意强调。在早期文人画中，自我与自然的关系是第一位的，这体现了一种新的思想；而在苏轼以来的文人画中，自我对新思想的理解与表达方式，尤其是表达方式的个性化，变得更加重要了。从这时候开始，"笔墨"这个词也变得狭隘起来，它变成了对具有书写感的个性化的用笔方式的称呼，是凸显存在感的；而在过去，在荆浩的理论中，它包含了画家描绘对象的每一笔，它是内敛的，或者没有存在感的，但依然体现了画家与描绘对象之间的亲密关系。在荆浩的时代，"笔墨"甚至可以用来分析达·芬奇的作品；而在文人画之后，笔墨逐渐变成了中国文人画家的专属。这个源自人文主义新思潮的重要而具有创造性的概念，就像一切被创造的概念一样，在它成熟之后，就逐渐变成了后世创造力所面对的一堵高墙。到最后，文人画变成了宋代文人艺术的影子，永远重复着自己。

宋代瓷器的美学脉络

为何我们在这一章才谈论瓷器？因为瓷器虽然不是由艺术家直接创作，但是宋瓷形成了追求单色釉的色彩与质感的美学体系。这一体系不仅仅是工艺品的流行趣味，而且从另一个角度诠释了以宋代新思潮为背景的文人美学，或者说现代化的美学。在另一方面，追求这种美学的瓷器不仅需要极高的审美素养，还需要不计成本的烧制方法。只有在宋代，高档瓷器不是被作为工艺品，而是作为承载了新思想的艺术品被制作的。后世瓷器虽然在工艺上不断进步，但其追求的美感从新思潮的载体变成了一种既有的美学思想定型后的趣味，失去了前沿艺术实践者的角色。所以，只有在宋代，瓷器可以与当时领先世界的文人艺术相提并论。日本的历史学家小杉一雄曾说："宋代陶瓷才是贯通古今东西、人类所能得到的最美器物。"之所以小杉一雄能够这样说，是因为他作为一位历史学家，也感受到了宋瓷所含有的宋代所独有的思想与美学张力。

　　我们先梳理一下瓷器的发展脉络。在南北朝时期（420—589），经过之前的三国和两晋时期（220—420）的发展，中国的瓷器逐渐有了清晰的面貌。在南北朝时期，最早成熟的瓷器类型就是青瓷，主要在南朝领土内的长江流域烧制。南朝的青瓷解决了各种瓷器基本问题：胎质的稳定性、釉面的稳定性和耐用性、造型的稳定性和各种较复杂的造型工艺。在釉色方面，已经可以稳定地烧制绿釉，但绿釉的色彩、光泽、透明度、厚度等，并不能随心所欲地控制，产品质量参差不齐。其中，高品质的翠绿釉产品几乎仅限于重要贵族和皇室使用。这时候比较著名的青瓷窑场有岳州窑、越窑等。到了隋代，位于洛阳附近的巩县窑，首先烧制出质量很高的白瓷，并逐渐形成了高质量白瓷一般由北方窑场烧制的传统，与南方的青瓷传统对应，于是有了"南青北白"的说法。

　　唐代是中国的大融合时期，在文化和艺术方面也是如此。具体在瓷器上，工艺技术进一步提高，出现了自觉而非偶然的高档瓷器与普通瓷器的工艺区别。在顶级瓷器的领域，也逐渐出现了两种自觉的美学方向的分野。第一种就是以著名的"唐三彩"为代表的，受到西域美学影响，强调华丽装饰与色彩的美学；第二种就是以"秘色瓷"为代表的，受到魏晋以来的自由飘逸之风影响，强调简洁的釉面色彩与质感的美学。烧制前者的著名窑场就是巩县窑，而后者则是越窑。但是，在这两座代表性的窑场内部，也出现了美学风格的碰撞：巩县窑在烧制唐三彩的同时，也烧制以简洁著称的白瓷；而越窑的青瓷也有许多注重繁复装饰的类型。此时还有一个很有趣的现象，就是以白色釉面为基底，并用从西域进口的钴蓝颜料来绘制花纹的青花瓷，在唐代也出现了。

到了北宋，在顶级瓷器领域，美学的分歧逐渐消失，尤其是后期天青色汝窑的出现，不仅意味着"青瓷"从翠绿色系向天青色系的转向，更标志着瓷器领域对基于色彩与质感的美学的认定。这种认定并非宋人天然就拥有某种"极简"的倾向，而是同样反映了新儒家思潮对人工造物美学的影响。

单色釉并非简单地选择一种好看的颜色，而是建立在材质的"性格"之上的。这些颜色并非由简单的颜料上色完成，而是通过釉面的透光度，结合胎的纯度、质地和色彩，实现由内而外的表达。器物的色彩与质地是它们作为一个整体的表现，来自它们的物理特征、制作工艺、胎与釉的结合方式，以及烧制过程中的温度和气流与胎釉的互动等。简单来说，这些器物最终的色彩与质

图 8 汝窑青瓷无纹水仙盆 北宋
台北故宫博物院藏

地，并非来自人工的雕琢，而是来自人工对材料本身的天然特性的利用与发挥。于是，宋代的瓷器给人们一个总体的印象：它们不再是任何经过装饰后的产物，而更像是"理所当然"就应该是那样的。同时，它们不再像前朝的瓷器那样，是胎与釉两者的结合，它们成为一个整体，成了"瓷"本身；它们也不像后朝的瓷器那样，拥有足以炫耀的复杂工艺——宋瓷看上去没有任何工艺，是直接从天上掉下来的。

我们以一些具体的案例来看。汝窑的"天青色"（图 8）来自一首据称为五代后周王朝的柴世宗所作的一句诗："雨过天晴云破处，这般颜色作将来。"所谓"雨过天晴云破处"，并非随意想象，而是很符合柴世宗所在的江南地区的一种天气现象。当白天下过一场暴雨，云层依然很厚，同时太阳已经出来的时候，在厚厚的云层中间的开口处，就能看到后面的天空。那里面的天空就不再是常见的天蓝色，而是汝窑那样清冷的泛灰的蓝色，也就是所谓的天青色。大家注意观察的话，在今天的杭州等地依然不时能够见到。天青色首先是一种源自自然的颜色，然后，它不仅是"天上"的颜色，还是难得见到的颜色。暴雨后的阳光因为对比而显得特别有生命力，这时候被云层遮挡中的天空偶尔露出来，就像是天空的某种内敛的隐藏在常见的天蓝色背后的情感。这种情感特别能让人想起新儒家思想中的"天地生物之心"，也就是天空和大地本身的温柔，以及它们能够造就整个自然界的爱与力量。它代表了"天"的情感，它不仅是崇高的，而且是充满仁爱的，这就是天青色可以成为最好的瓷器的颜色的原因。

我们首先需要想象一下，那时候没有相机，也没有方便控制色彩的颜料，尤其是这种天青色，它并非随处可见的。那么北宋的北方窑场要还原这种颜色，其负责人就必须到南方去观察，还必须把那种颜色记在脑海里，再回去试验。为了还原天青色那种转瞬即逝的轻薄感，汝窑的釉面是非常薄的，并且以相对很低的温度烧制。很薄的釉面不仅容易吸收胎的颜色，还容易让胎的颜色通过釉中的气泡折射到表面，所以汝窑的胎也是通过非常精细的程序淘洗和造型，确保一种色彩和质地都非常均匀细腻的胎色。这保证了釉面的天青色自然不造作，因为这时候的釉面不仅仅是一层颜色，而是由内而外的自然观感。这种逻辑一直延续到以官窑为代表的南宋高档瓷器的制作中，也是所有高档宋瓷之所以代价高昂，无法作为商品流通的原因。

图 9　黑釉金兔毫建盏　宋

建窑（图 9）是一种著名的黑色窑变釉。它的制作逻辑基本一致。建窑釉面的窑变源自铁元素的溢出和凝结。为了使窑变效果更加深邃，建窑不仅使用富含铁元素的釉料，也使用富含铁元素的胎土，这使得最终溢出釉面的铁光不仅来自釉料，也来自内部的胎土，所以建窑不仅窑变闪亮，整个釉面也发出深邃的金属光泽。在当代设计领域有一个用来讽刺甲方无理要求的词，叫做"五彩斑斓的黑"，而见过高档建窑的人都知道，建窑的釉面或许最贴切这一本来无理的形容。然而，富含铁元素的胎土是极不稳定的，不仅窑变的效果难以控制，连胎骨的形状稳定都难以做到，只能依靠人力极限后的概率来达成最好的效果，所以建窑的窑变不仅千奇百怪，且大多不符合窑场要求，而且器物烧制后大多变形，只能作为报废品处理。这使得建窑的成本虽然不如汝窑官窑那么高昂，但也同样可观，且高档品的数量稀少。因此，即便在宋代，建窑也是难得的高档器物。

对这种美感的追求不仅仅源于思想，也需要高超的技术和生产能力。宋代高档单色釉不再是一种综合了绘画或者雕塑工艺的装饰品，而是一种体现了宋代科技水准的崭新的人工材料。它的制造并非"专注的工匠精神"或者"监工的灵机一动"就可以完成。高档宋瓷的工厂是建立在当时的钢铁工业基础上的，需要同样的运输、燃料和人力资源，同样的大规模协同劳动和生产线管理。北宋时期许多窑场使用煤作为燃料，并且使用现成的远距离运输体系，因为煤的开采与钢铁运输体系已经十分成熟。与可以批量生产的钢铁制品不同，宋瓷更能体现工业体系的水准，因为它涉及更复杂的化学和物理技术、更高的精确度，以及相当精确的生产线管理和质量管理。像汝窑或者官窑这样的瓷器虽然需要相当的工厂规模，却根本无法实现大量的稳定生产。在当时的背景下，高档瓷器就像是今天的航天材料，是一种带有时代特征的新材料，也是工业制造能力的尖端体现。再没有任何别的地方、别的时代，能像宋代这样，将最尖端的人造材料和国家最先进的生产线，用来制造一种只为美而存在的人造材料。我们绝无法批评宋人太过风雅以致"耽误了正事"，因为前文已经谈过，宋人在钢铁领域交出的答卷已经领先欧洲七百多年。他们有资格挥霍自己的工业资产，我们不能苛求他们去发明不锈钢、塑料，或者电灯泡。

由于这样的投入，高档瓷器和普通瓷器的分野越来越明显：获得皇室支持的高档窑场，例如汝窑和建窑，以不惜成本的方式追求高标准；普通窑场没有这样的条件，只能以釉面的装饰来弥补质感的不足，发明出许多以人工的手艺在釉面加工纹饰的方法。当阳峪窑和磁州窑，就是以这样的纹饰加工而闻名的。这样的加工当然也带有美妙而丰富的艺术性，但从瓷器工艺来说，人工的熟练度，与追求极简质感所需要的极高技术和极大成本相比，是十分易于普及的。而瓷器上的绘画再精彩，终究也只是宋代绘画成就的影子而已，无法独立成为宋代美学的标杆。到了南宋，成熟于北宋中后期的建窑窑变釉不断发展，为宋瓷的极简美学注入了新的活力；加上官窑和龙泉窑，宋瓷终于到达了巅峰，并很快随着王朝的陨落走向终点。

在宋朝以后，瓷器如同绘画一样，已经有了固定的传统。在宋代以前，瓷器还不一定能成为今天的瓷器，它首先是某种胎与釉所组成的，不够整体的合成物：它的质感可以是疏松的，它可以仅仅是琉璃，玉石，或金银器的替代品。在宋代以后，瓷器则必须兼备由内而外的坚硬与脆弱，这已经被认定是瓷器的天然"性格"。在今天的人看来，不加修饰的瓷器，都应该是纯色的——这也被认为是瓷器理所当然的特征。这么说来，瓷器是在宋代才成为瓷器的。

宋朝灭亡后，始于唐朝的青花瓷重新出现，以人工技法装饰釉面的方法成为瓷器生产的主流。北宋的汝窑、南宋的官窑，直到今天仍被历代巧匠作为标杆来仿制。仿制的水平是否超过了前朝，已经不重要了，因为瓷器再没有像在两宋时候那样，不顾一切地追求前所未见的美感。与之相似的，中国的艺术在宋代以后，随着新儒家思潮定形为一个逐渐僵化的"儒家思想"，就逐渐成为前人天才的影子，再也没有这样前所未见的创造了。

知识与概念复习

1. 复习"文人"身份在从原始部落到宋代的发展与变化。

2. 广义的文人艺术与狭义的文人艺术的主要区别在哪里？

　　参考答案：前者注重个体思想的表达；后者注重与前者在风格和技法上的区别。

3. 宋瓷最主要的美学特征是什么？

　　参考答案：单色釉及其背后所体现的崭新世界观。

思考题

1. 为什么在今天不断重复宋代的美学风格是无意义的？

2. 本章所说的"现代化的美学"与欧洲艺术史中的"现代艺术"有哪些
   重要区别，又有哪些联系？

3. 马远的《水图》对各种水的形态进行了细致描绘，为何这样的题材在
   后世少见？为何文人画后来始终停留在山水花鸟等题材上？

第八章

文人艺术的高峰

13—14世纪

在南宋灭亡以后，中国的文人被迫站在了统治力量的对立面，他们几乎没有任何手段再能让自己的能力——无论是思想或文化层面的，还是科学或技术层面的——与国家的力量结合在一起，于是只能竭尽全力洁身自好，将保持独立的精神与人格看作自己所能取得的成就——这在宋代和更早的时代根本算不上有任何可取之处。由此开始，中国的文人终于在道德上与柏拉图和亚里士多德，或者古罗马斯多葛学派的哲学家们达成了共识：与社会实践毫无关联的纯粹思想也是有价值的。于是，到了明晚期和清代，训诂成了绝大多数文人唯一能做的事情，就像斯多葛学派的学者们在古罗马的暗淡时代只能醉心于文法和概念的游戏。和欧洲一样，文化的衰败由此开始。与之相呼应，文人艺术首先不再向外扩张了，它并没有像欧洲的现代艺术那样，随着艺术家影响力的扩大，逐渐从绘画和小型雕塑走向更广阔的公共领域，而是越来越向内坍塌，绘画的尺幅不断变小，其他的一些小小创造也无非是文房里的赏玩之物。如果说北宋那些创造了区别于院体画的更加狭义的文人画的艺术家对直接性的笔法的使用是基于个人精神的表达，而这种笔法的直接性与禅画的相似性也是出于某种基于精神相似性的借鉴，那么到了元明时期，直接性的笔法则逐渐成为文人艺术的某种规范。这意味着随着文人身份的转变，文人艺术逐渐成为一种成熟的模式化的创作。当艺术家的创作对象从精

神和自然世界转移到规范本身的时候，艺术的创造力就再不可能
比范例诞生之时更多了。但是，这依然不能妨碍伟大的艺术家个
体在晦暗的时代闪光，因为一个从南北朝延续到南宋的一千年的
美学传统已经就在那里，隐藏在每一寸阳光和空气之中，成为取
之不尽的灵感之源。

赵孟頫与"风格"

赵孟頫以及被称为"元四家"的五位文人艺术家虽然没有身
处文人艺术最初诞生的时代——比如王维或者范宽的时代——但
他们的作品像塞尚的那样，被后世看作某种典范，而塞尚也并非
现代艺术在任何意义上的鼻祖。赵孟頫之所以没有被一并列入"元
五家"，不仅是因为中国文化界对"四"有某种奇怪的情结，还因
为他与蒙古统治者合作，被当时的人视作"汉奸"。于是他的天才
作品必须超越同时代的其他人很多很多，才会被人不情愿地记录
下来。事实也正是如此。

从思想的角度来说，赵孟頫和"元四家"一样，并没有取得
更多建树，只是艰难地继承着前人的遗产。这让他们更加专注于
艺术的视觉创造本身。另外，他们也没有任何成型的文人艺术的
规范与趣味可以玩味，无论是像马远那样的院体画画家还是像苏

图 1　鹊华秋色图　元　赵孟𫖯

纸本设色　28.4cm×93.2cm
台北故宫博物院藏

轼那样的文人画画家，对他们来说都只是一种技术和视觉层面的
参照，那些作品意味着描绘风景的手段依然有着无限的可能性。
探索这些可能性无须刻意破坏前人的传统，无须摆出任何姿态，
因为它们自然会与前人不同。这种恰到好处的发展很像马奈或者
印象派的作品对塞尚产生的影响：塞尚既无须从前人那里继承任
何绘画规范，也无须创造任何风格范式，他只需要知道自己可以
用自己的方式描绘风景，而这就足够了。维拉斯奎兹在画"宫娥"
的时候也处在类似的情境中：古典的规范已经可以打破，而新的
潮流尚未出现，那么何不尽情地画一张属于自己的作品？赵孟𫖯
的《鹊华秋色图》（图 1）便也诞生在这样的情境中：他只是想用

自己的方式画一幅表现雀山与华山的风景画。

　　这幅画与其说是宋代山水的延续，不如说是对南朝《洛神赋》那类作品的复兴。整个画面有一种优雅而理智的空洞感：作者并没想过要向里面填充任何东西，既没有自己的思想和世界观，也没有任何文人的立场，那就是一幅画，仅此而已。这样的空洞感需要结合赵孟頫的人生境遇去理解，在他身处的情境里，对自我内心世界的表达要么是危险而致命的，要么就会被视为造作的自我辩解。保持沉默似乎成为他的无奈选择，即便在面对自然风景的时候，他也更愿意与之进行即便在精神层面也显得悄无声息的交流。古往今来的艺术家都常常表现出一种经验之谈：描绘自身的孤立无援要比制造安慰性的幻觉更加能治愈自己。于是，从绘画本身来看，他的自我与风景的再次疏离于是变成了一种复古的典雅，并令人猛然发现绘画的魅力本身。由此，他不自觉地为后世绘画提供了一种新的思路：绘画可以仅仅作为绘画本身而存在。

　　另外，由于这样的作品与前人的创作在可见的视觉风格上拉开了差距，于是作品的风格，以及造就这种风格的作画方法，就被凸显出来了。赵孟頫这样的"业余"画家成了后世新的"专业"画家的典范：画家不一定要将文人的智识张力倾注在作品里，只要为绘画本身找到新的风格，或者说方法就足够了。当思想不再像北宋那样爆发出划时代的力量，中国的艺术便逐渐成为一种新的专业，成为自成一体的风格传承与识别体系——现代世界的艺术在大多数时候都是如此。在赵孟頫之前，画家是以自然为对象的，赵孟頫自己也是如此；而从赵孟頫开始，画家就逐渐以绘画的方法或风格为对象了。由此，文人画也不再有狭义和广义的区别，文人画是否称得上"文人画"，不再由创作者自身的身份或者动机来决定，而是由题材和风格来决定了。

后来董其昌所归纳的中国文人画的发展脉络，就是从这个角度来梳理的。在董其昌看来，这个体系是自古以来就存在的，是可以套用在从王维到范宽再到他自己的所有艺术家身上的。实际上，这个体系是从赵孟頫开始的。但是，董其昌的做法体现了在明代已经被默认的一种观点：绘画从来都是自成体系的，所以范宽属于"北派"（虽然范宽自己绝不会这样认为）。这并非董其昌缺乏基础逻辑，而是体现了"风格"的观念一旦形成，就具有强大的威力，它可以改变人的基础逻辑，让人误认为画家从来都是风格的创造者。某种画家与自然之间的直接且私密的联系，这听上去远没有"风格"那么简明易懂。自古以来，人对历史或者思想的理解，往往不是越来越深刻，而是越来越简明且粗糙的。

元四家与"中锋"

从不多的传世作品来看，赵孟頫的作品并未专注于被称为"笔法"的个人特点，也就是用笔方式的个人特征方面。赵孟頫对景物的刻画方式与王维或者范宽相似：他们都没有笔法或皴法的概念，只是用笔触去表现山体的肌理而已。然而，从后来的元四家开始，笔法变得愈发重要，以至于在明代成为"风格"中最重要的部分。

在谈笔法之前，我们必须知道元四家及他们以后的中国文人画和中国书法有着愈发紧密的联系。书法在唐代的开放氛围中得到了很大发展，以颜真卿为代表的一系列书法体例也诞生于唐代，可以说书法比绘画更早进入风格化的时代。与此同时，前面章节提到过的古文运动领袖韩愈则推崇南朝的书法，因为那是一种风格化之前的，或者说书法成为一种艺术之前的纯真书写。由于韩愈的倡导，王羲之和王献之的书法被追溯并确立为中国书法的楷模。颜体意味着对经典的创造，而王体意味着对风格诞生之前的自由创造的复兴——前者就像是拉斐尔的艺术创作，后者就像是拉斐尔前派的努力。两者都延续到宋代，并经过苏轼、黄庭坚，以及米芾的发展，共同成为黄金时代的书法典范。从结果来说，风格范式总是比自由创造更容易流传，以至于最自由的创造往往会以一种新的风格为目标。宋徽宗的"瘦金体"便可以看作是个人对书法风格的刻意创造已经进入了十分成熟的阶段。

完整的书法的美学体系，意味着笔法以及基于笔法的抽象结构已经成为个人内在精神气质的通道。我们今天认为瘦金体是理智、规范、锐利且优雅的，这是源自书法传统的熏陶，而这种传统的形成，则是源自书写者和观察者对笔法的抽象气质达成的共识。这种共识难以用标准来表述，比如我们很难说清什么样的笔法和字体才是优雅的。这就像我们对某一类人会用"优雅"一词来形容一样，这些都源自大量经验的积累。这样的美学经验的普及，意味着审美并非依赖任何形而上的标准，而是依赖人的心智或者说心性中的共通之处，就像人都能明白什么是"爱"以及"同情"一样。以书法对笔法之美的完成为基础，绘画方面的类似创造在元四家的时候完成了。

元四家中，黄公望、倪瓒和王蒙的作品更具代表性，因为他们都极大削弱了风景本身的表现力。无论范宽的"溪山行旅"，还是米友仁的"远远岫晴云"，艺术家的内在状态都需要借助与风景的共鸣来传达，于是风景的特征就成为内心特征的再现。而在黄公望这三人的作品里，风景的特征已经不再具备传达内心特征的功能。风景变得像是书法中的一个字：字本身的语言内容已经不重要了，笔法以及笔法的组织方式才能再现创作者的内心特征。以我们最常讨论的黄公望的《富春山居图》（图 2）和倪瓒的《六

图 2　富春山居图（局部）　元　黄公望

纸本水墨　33.64cm × 721.46cm
浙江省博物馆藏

君子图》（图 3）为例，与前朝的作品相比，这些作品显得前所未
有的沉默和安静，因为风景不再散发自然本身的活力与情感。与
赵孟𫖯的作品相比，画家又并未真正与风景保持疏离感，因为他
们将情感重新灌注在笔法当中。观者的视线随之在每一笔的节奏
和相互关系中找到了新的落脚之处。我们甚至可以在每一笔中都
找到一种稳定和确定感，以及画家对自我情感与品格的投射，这
些笔触甚至可以脱离画面，让我们用放大镜去单独欣赏它们。

　　这源自一种被后世所强调的名为"中锋"的用笔方式。所谓

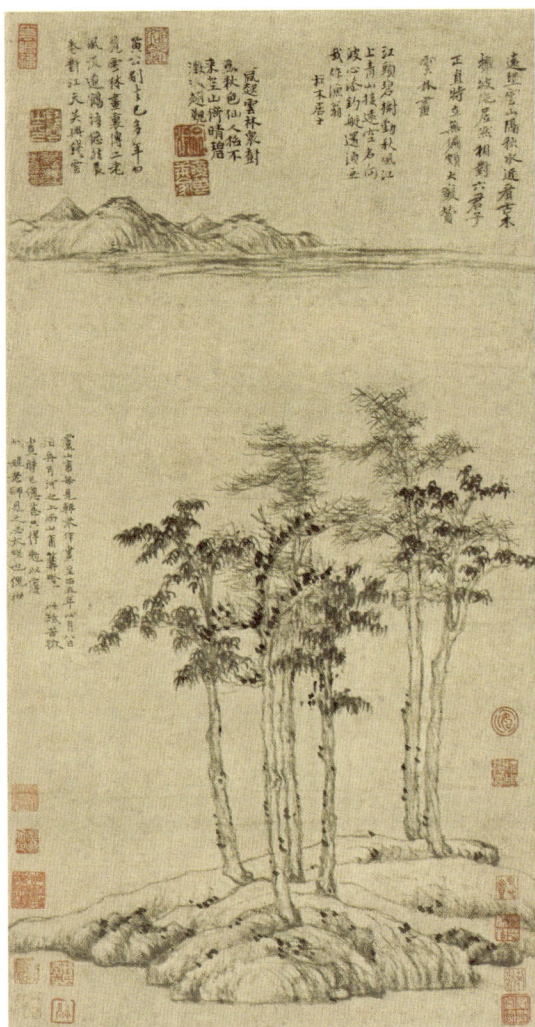

图3 六君子图 元 倪瓒

纸本水墨 61.9cm×33.3cm
上海博物馆藏

"中锋"，并不一定是执笔的方式一定要令笔锋与纸面保持垂直关系，而是画家始终保持对笔的绝对控制，让笔和身体与精神都融为一体，使自己的内在状态能够饱满地凝聚在每一笔和每一个细节当中。例如，倪瓒经常使用毛笔的侧面，但他的作品依然是"中锋"的标杆。"中锋"与其说是一种技法，不如说是一种对创作状态的要求和观看的方式。这种观看方式意味着"自然"不再只被画面内容再现，而能在每一笔中再现。"自然"首先是在画家的心里，然后体现在笔法里。至于画面里的风景，只是理所当然地承载笔法的题材而已。

"中锋"可以理解为"中正于天地之间"，这源自新儒家思想对人的要求。它的基础是人要理解自己在天地间的位置，就如同盘古开天辟地的神话以及周敦颐在《太极图说》中所讲述的那样：人在自然万物中是最"灵"的，同时又是无关紧要的，因此要在对天地万物保持谦卑的同时，意识到自己的独特与自由。这种理解灌注于人的一言一行，直到灌注于画画时的每一笔。于是，"中锋"也以新的方式重新规定了文人画与新儒家思想的关系：一个具备新儒家思想的人，必然是一个能够理解自己在天地间位置的人，如果他的素养足够高，他就能够把这种理解体现在自己的一言一行中，而绘画只是这种理解的表现方式之一。显然，这一关系是非常理想化的。大多数时候，这种理解被简化为可以通过练习而精通的纯粹技法。一个人即便不是一个合格的文人，也可以从事这样的文人画创作，并由此假装自己是一名文人。逐渐地，一个能够舞文弄墨的人，便也称得上"文人雅士"了。然而文人本来必然且自然地是国家甚至天地间的栋梁。

在后世学者眼中，"中锋"有时也成为元四家之后的文人画区别于禅画的标尺。在后人看来，禅画的笔触往往更加随意，更具偶然性和表演性，没有保持专注与控制力，因为"禅"本身就没有像新儒家那样的思想张力，因此在艺术表现上也是更加随意的。这样的区别方式里面难免有刻板印象的成分：禅宗本来强调的不是机巧的表演，而是专注与理智。前面章节也讲过，禅宗本来也是新儒家思想的基础。既然如此，难道就没有禅画的作者也能保持同样的专注与控制吗？而且，我们在前面章节也聊过，苏轼以来的区别于院体画的狭义上的文人画，本来就是由禅画演变而来的。我们甚至可以说，与宋代的院体画或者早期文人画相比，元四家的作品本来就更接近禅画。所以，将禅画的用笔排除在"中锋"的范畴之外，虽然有助于我们直观地理解"中锋"的含蓄、内敛和专注，但也容易令我们对禅画和禅的思想产生误解。

再进一步说，任何采用直接式的笔触来创作的画家，例如塞尚、波提切利，或者赛·通布利等人，都会对自己的每一笔保持相当的专注与控制，他们的用笔是否算是"中锋"呢？一般我们会觉得，用笔的速度过快，或者笔触的尾部因挥洒而失控，都不属于"中锋"

的范畴,但为何"挥洒"或者"快速"就一定与"控制"相矛盾呢?不能控制挥洒或者快速的笔触,是否也算是画家的能力不足呢?中国的美学理论似乎没有正面讨论过这一点,于是不知道为什么,人们逐渐默认了"中锋"是一种缓慢且稳重的用笔。从元四家开始,这形成了"中锋"在中国美学中的刻板印象:"中锋"必须是稳定且内敛的。这种印象就像是文人的形象在今人眼中往往是山中老者或者孱弱书生一样,对应了中国的思想与文化逐渐失去活力的过程。《兰亭序》的优雅、《鹊华秋色图》的清新、《溪山清远图》的果决,以及瘦金体的锐利与傲慢都依旧摆在那里,但人们对其视而不见,竟然会认为这些书画的精神可以被晚清造作小品所继承。很少人敢于提及一个事实:中国的文人原本是充满骄傲、潇洒与锐气的。不知道为什么,人们常常将这个世界上唯一敢于将波澜壮阔的天地自然都视作自家庭院的美学传统与一群迟暮而保守的人相提并论。

"元四家"与结构

从赵孟頫开始,风景画中的构图逐渐变得像书法一样,成为艺术家有意识地投射自己精神世界的手段。这时的构图已经不仅仅是"经营位置"那样的造景趣味,也不是像拉斐尔那样的对任何完美结构的探寻,而是成为艺术家内在风骨的再现。赵孟頫的作品之所以令人想起唐以前的宗教绘画，就是因为他不仅仅引用了其中的构图原则，或者受到启发，还从中发现了中国古代艺术家非常擅长的平面性的结构。《鹊华秋色图》里面有一种理智的典雅，便由此而来。

我们在前面的章节讲到过这一点，在古埃及的壁画，还有汉代的墓葬壁画里，都有一种规整而理智的结构。这种结构由矩形构图和边缘线所凸显，并且通过线条来体现某种与强劲的控制力所匹配的、漫无边际的飘逸感。中国的书法很自然地延续了控制与飘逸之间的平衡，因为无论字体本身多么飘逸狂野，字与字之间的排列依然需要遵循天然的规则。

绘画要延续这种平衡则十分困难，因为绘画的构图并没有书法那样天然的垂直与水平方向的书写规范。南朝以后，随着思想形态的变化，绘画中理智与控制的部分被淡化了，飘逸的部分得到加强。但是，第一流的画家，比如董源和李成，依然在画面中保持了强大而内敛的理智。这种理智与其说是对绘画技法的要求，不如说是中国的文人精神从一开始就具有以数学为支撑的理智，并且体现在新儒家的每一个思考背后。这是后世经常忽略甚至得出相反结论的一点。但是，这种平面结构又常常带来新的僵化感，宣和以来的院体画便有这种趋势，这就像即便是追求灵魂自由的表现主义绘画或者康定斯基的抽象艺术也难逃在后世被称为"学院派"一样。与此同时，禅画或苏轼创作的那样的文人画则刻意简化了内容，使得画面结构难以和内在的秩序感相呼应，或者说，苏轼创作的那样的文人画本来就是在排斥院体画对那种秩序感的僵化表达。

赵孟頫则重新找到了同时表现秩序的深度与活力的办法，因为他既没有将前人的作品当作规范，也没有将它们当作对立面。从他开始，在一种由更长时间和更深刻的历史遭遇铸造的新的经验里，唐以前的宗教壁画不再是文人们通过绘画获取自由的累赘，而是文人画中的秩序之所以形成的、更加久远的根基。忽然之间，绘画的视野变得更加开阔，过往的种种视觉形式不再受到当时的思想背景与美学诉求的束缚，在新的视角里，它们都同时呈现在一个平面上，成为可供借鉴的素材。这也是本章前面提到的，绘画开始为自己而存在的起点。

黄公望和倪瓒则对此心领神会。《富春山居图》的平面秩序感肉眼可见，它的严谨和稳定让整幅画看上去像是一座在等待着什么故事发生的舞台，但又始终没发生任何事情。这与赵孟頫画中那种典雅的空洞感如出一辙。成熟的理智、被压抑的自由和抱负，以及对自然与自我之间的某种恒定关系的依赖，为这幅画带来了一种足以贯穿古今的忧郁感。这种忧郁感既非一种负面的情感，也不是积极的，而是一种有穿透力地观看世间奥秘的必然结果。

丢勒那幅名为"忧郁"的著名版画，也表现了类似的情感。在丢勒的画里，理智是可见的，由各种代表了数学奥秘的符号来体现，因为丢勒所依赖的永恒来自形而上的结构。中国文人所依赖的永恒则是更加不可靠的，要维持自我与世界之间多变且难以预测的关系，因此需要更加专注与包容。在《富春山居图》里，理智便通过山体那音乐般的旋律，以及笔触中与之相应的表现来达成。这是一种画家在自我与自然之间重新建立的崭新通道。

这使得他们的作品足以成为后世规范与风格的参照。但是，当那些自认为继承了这一规范的人有机会欣赏这些作品的原作时，往往会感到震惊。这种感受源自自己的刻板印象的破碎。中国的艺术家或者古代文化的爱好者有一种无意识的倾向，容易把"道法自然"或者"格物致知"看作某种轻浮而又故作高深的、自圆其说的世界观和创作的借口。一个人如果具备了这种倾向，并且还保留一些反省能力，那么在看到宋元真迹的时候，会觉得自己所遵守的任何一项规定都无法将自己带到哪怕是勉强接近这些真迹的地方。

倪瓒几乎将源自宗教壁画的古典秩序推到了极致。他的每一幅画都如此简单，几乎成为对平面构图法则的演示。当代艺术家梁铨先生曾经在与笔者的聊天时说，《六君子图》背后是严谨的、符合数学比例的横线与竖线。这个说法很容易帮助我们理解倪瓒绘画的法则：他画中的每一个物体都是构图的标示物，依据严谨的几何法则进行安排，就像古埃及壁画或者汉代壁画那样。如果把倪瓒的整幅作品看作一幅汉代壁画，那么他每一笔中的细微痕迹都像是壁画里那些由边缘线构成的人物或动物形象。也就是说，倪瓒在笔法里开辟了新的维度，从一维的点线中展开二维的平面。这种展开从理智的角度来说有迹可循：既然笔法是个人与自然联系的新通道，那么笔法当中当然就会带有自然本身的平静、缜密和复杂。

王蒙则倾向于用颤动的笔触填满画面。他将山体分割为彼此不协调的块面，让一座山看上去更像是由积木那样的零件组合而成的。这种突兀的不自然感和他的笔触形成了新的整体，让风景看上去像是一个随时可能支离破碎的暂时形态。如果将倪瓒那样沉稳理智如欧洲古典音乐一般的笔触看作"中锋"，那么王蒙的笔触则无论如何也不是倪瓒的同类。王蒙的笔触并不以个人与自然的重新联系为诉求，而偏向纯粹的个人情感的迸发。这种迸发是带有叛逆性质的，叛逆的对象则是自然的平静与缜密。王蒙描绘的自然风景是一种他知道它就在那里，知道它的可靠，但它永远无法进入自己内心，也无法成为自己的精神支撑。这就像是摇滚乐队平克·弗洛伊德的音乐里对永恒的歌唱：他们竭尽全力歌颂一个自己无法共情的东西，而这一过程是他们的灵魂唯一可以落脚的地方。这是另一种忧郁，苏轼的绘画里也有类似的情绪，但苏轼的潇洒使得他的画面永远不够坦诚。马远的绘画里也有类似的东西，他笔触的"摇滚"程度甚至比王蒙还要强烈，但马远的宫廷画家身份让他将自己的情绪崇高化了，变成了类似瓦格纳那样的刻意拔高的东西。所以马远的《水图》比他的《溪山清远图》要高明得多：那里面才有他自己的真实目光。对水面的凝视并没有成为后世传统绘画艺术的常见题材，直到 20 世纪 90 年代在卡拉 OK 中成为常见的镜头。这已然庸俗的凝视其实本来与古人相通。或许不是有意的，马远留下的昙花一现的《水图》还对应了南宋短暂的海上霸权——南宋建立了当时世界上最强大的海军，但这一霸权的扩张并没来得及挽救自己的覆灭。王蒙能理解那种无边无际的流动感和潜藏在柔软表面之下的力量，只是王蒙把它用在了对山景的描绘中。

纸面与题款

随着绘画与书法在笔法和结构上达成共识，两者逐渐成了相通而一体的美学表达。在宋代，绘画依然首先是自然和自我一体的精神图景的再现；到了元四家的时代，绘画成了作者对自然图景的书写。于是以题跋和印章为代表的文字出现在画中就变得理所当然了。题跋帮助作者说明创作的意图，并且和画面形成一个互补的整体结构，进一步强调了平面结构的重要性。作者的朋友或者后世收藏家也开始在画面上添加题跋和印章，无论是通过增加新的纸面，还是题写在原画上，都没有人认为这会破坏画面原有的美感，而是让画面本身成了一种精神传承的线索和物证。

绘画本身的整体感和完成感由此被忽视了，这在人类艺术的历史中并不常见。显然，从来没有人认为在达·芬奇或者毕加索的画上添加几笔或者盖上印章是合理的，即便他们周围最好的朋友也不会这么干；范宽也会尽力把自己的名字隐藏在画面的细节里。之所以在中国的山水画里会出现这种添加题跋的情况，是因为笔法以及书写本身的重要性逐渐大于图景本身。倪瓒在笔法中开创了新的维度，随着文人阶层和文人精神的边缘化，这一维度成了逃避原有的博大自然的避风港。自然和现实的图景成了仅供摹写的标本，它们本身不再重要了。作为一种补偿，画中的每一笔都是一座桃花源。中国的文人艺术开始向内坍塌，并形成一种新的、封闭的、排他式的传统。后世藏家通过自己的题跋和印章加入这一传统，在桃花源中获得一席之地。当忽然有一天，没有人再敢在这些文化遗产中添加题跋和印章的时候，这一传统也就终结了。这一传统还拓展到了真实的自然风景里：文人们不断在名山大川的石头上刻字，最终演变成人人得以效仿的"到此一游"。

墨竹题材在元四家的时代也变得流行起来，因为既然浩瀚的天地可以凝聚在笔法当中，那么自然也可以凝聚在竹子里。竹子也成为当时与世隔绝且清高、独立的文人精神的象征。本来，文人是中正于天地之间，整个自然都是自己的镜子和精神化身，他们可以是雪花或者虎狼。如今，他们是梅、兰、竹、菊等自然中的一些独具特色的事物。这并不妨碍早期的墨竹作品体现出一种新的具有生命力的美感：因为这种植物特别容易体现画家对平面秩序感和笔法的理解。顾安在 1370 年左右创作过一幅著名的墨竹，寥寥几笔枝叶，却能让人想起郭熙或者马远的作品中那种开阔与锐利的心境。然而这种心境或许在当时已经难以与人说了：倪瓒非常喜欢这幅画，于是在右下角加了一块岩石，这幅画被后世称作"枯木竹石图"。这说明当时已经没有几个人还在欣赏画面的整体结构了，不然谁舍得添加那些题跋和石头呢？看看这块由娴熟而完美的、无可挑剔的笔法画就的石头吧，它让画面整体一下子失去了多少意境。作为一位平面结构的天才，倪瓒显然并不是不明白这一点，但他在晚年也觉得画面的整体结构已经不重要了，重要的是自己的笔墨需要与顾安的笔墨在同一张纸上并存。这是一种文人之间惺惺相惜的体现。图景让位于笔墨，这就是那个时代的潮流。

与此同时，无论卷轴、册页或是扇面，文人画的尺幅与体例逐渐固定下来，而纸也成为文人画的基本媒介。这一方面得益于造纸工业的成熟使得纸张在中国早已成为廉价的材料；另一方面是文人对一种区别于宫廷的贵重材料的亲切感，这种亲切感源自他们身份的边缘化。在宋代，文人是理所当然应该指点江山的，锦衣玉食也仅仅是精神世界的点缀，而在那之后，文人似乎只有与寒窗为伴。纸的脆弱感则十分符合这一气质。同时，宣纸与水墨之间那种融合的特性，也成为以笔法为基础的文人艺术的基本要素。

这一切变化或许令人唏嘘，但看看这个时代的艺术本身，每一次创作、每一件作品，都体现了文人艺术空前的创造性，以及在孤独而压抑的时代自我拯救的方式。它们展示了文人艺术本身所拥有的可能性，并得以让宋代的宝贵成就保持了旺盛的生命力。正如康定斯基所说，每个时代最前沿的创造都会成为后人需要打破的一堵高墙。文人艺术在它最具创造力的年代铸就了那堵高墙。

知识与概念复习

1. 从整体面貌上简单比较"自然"在宋代文人画与元代文人画中的不同
   地位。

     参考答案：宋代文人画强调自然与自我的融合；而元代文人画中
   的自然是自我表现的通道。

2. "书画一体"是文人画一直以来的传统吗？

     参考答案：不是，"书画一体"是元代以来逐渐形成的。

3. "中锋用笔"是一种技术风格吗？

     参考答案：它的形成是基于人的精神世界在画中显现的审美思想，
   而不是一种固化的技术。

思考题

1. 与宋代的文人艺术相比，元代的文人画是否取得了某种进步？

2. 元代的个体化美学与当代艺术中的个体化美学有哪些异同？

3. 为何元代文人画会成为后世山水画的范式？

第九章

中国艺术的格式化

明　代

　　1368 年，朱元璋建立明朝，定都南京。我们在第六章谈论了
中国对现代化世界的贡献，而在 1368 年，中国已经走过了自己
古代文明的高峰。这一年，欧洲正在从发生在 1347—1353 年的
黑死病灾难中恢复；乔托和但丁两位先驱已经不在人世了，而马
萨乔这位文艺复兴早期的绘画天才，还要再等 32 年才会出生；威
尼斯人明白战争不会带来任何好处，他们和苏丹签订了协议，参
与埃及亚历山大港的国际贸易，为一个灾难后的欧洲带去人们最
需要的东西。在这之后，还要再等 300 年，约翰·洛克和牛顿作
为现代世界的"文人"，终于将自己以及他们被忽视的前辈们的声
音传遍欧洲。而在这 300 年里，明朝朝政逐渐被宦官挟制，文人
愈发远离国家的中枢神经。当朝廷中偶尔有优秀的文人掌权，他
们竭尽所能做的也仅仅是治理几个宦官而已。明朝最重要的思想
家王守仁一心报效国家，但他甚至始终无法在朝廷里安稳地工作
一天。即便如此，在明朝存在于世上的 276 年里，世界上不会有
人相信会有任何别的国度，能够在任何方面超越这个令人仰望的
帝国。直到明朝在 1644 年覆灭，欧洲还依然在迷茫中等待着金
色的曙光，那年约翰·洛克 12 岁，牛顿才刚 1 岁。

　　在明朝内部，科举系统以八股文为基础，并且把朱熹早年的
片面学问和更加远离原意的曲解变成了不可辩驳的真理。抛开对

我们对"八股"的偏见，这实际上是科举诞生以来最为标准化的、最公平的考试系统。一个人在文章里体现出的心智和气度不再是考官的主观感受，而是可以通过考生对规范的遵守来体现的。如果将这种标准化的思想用在科研领域，或许能有所成就，但在文化领域，它终于将新儒家思想体系变成了以朱熹为权威的僵化教条。这一问题的责任人显然不是朱熹，因为其中的很多内容他自己也不认可，就像孔子也不会认可汉代文人对他的描述一样。

就像苏立文先生所说，宫廷不再是创造性的思想、知识，或者艺术的接纳者和推广者。与此同时，与16世纪文艺复兴时期的欧洲北方或者威尼斯相似，远离宫廷的商人聚集在江南，成为新的艺术赞助人，并且建立起一个独立的艺术市场体系。由此，中国的文人艺术也不再像它诞生时那样是一种文人的业余创作，而是成为一种新的专业。通过前面章节的梳理，我们知道，文人本来是知识、技术、思想，以及人类社会的一切智识领域的引路者；而到了明代，"文人"逐渐成为一种独特的身份，他们偶尔为官，但已经不再是国家力量的主要部分。另外，他们也不像南北朝的儒生那样，需要在权力和宗教阶层的夹缝中维持尊严，而是可以用自己的"正统"身份，与商业阶层共同建立一种新的文化秩序。

虽然与宫廷撇开了关系，但明代的文人艺术并不是一种关于困顿和反抗的艺术，而是进入了一种由"艺术大师和追名逐利的收藏者"共同建立的崭新关系中，成为高于世俗品位的趣味集合体。这样的文人艺术无法像宋代文人艺术那样，为世俗品位提供任何更好的养分。在精神与智识的层面，这种关系并非向上攀登的，而是向下攀附的，与富足的生活和各式各样的收藏品相伴。它背后是明朝思想的停滞，富裕阶层的奢靡，以及不断膨胀的世俗欲望和自大情绪。新儒家的思想和世界观，在明代文人看来已经是一种早已被掌握的、圆满的、不再有任何疑问的智识财产。人们逐渐遗忘了前朝智者的严谨、开放和面对天地自然时的谦卑、忧郁，以及因此被激发的无所保留的冒险精神。朱熹和历代智者的教诲变成了一种直觉化的、浅显的道德与知识纲要，以及常识性的社会规范。这些纲常的空白之处不再是新思想的起点，而是被无数新一代文人从小背诵的经典字句填满。

即便如此，在当时的世界上，明代人依然提供了人们所能想象到的最为自然、优雅且充满理智与情趣的文化生活典范；明代社会依然充满了融入中国的文化基因内部的养分。尽管在大多数时候，那里的人们是这一养分的消费者而非提供者，但依然能确保像卡拉瓦乔或者埃尔·格列柯那种偶然的天才的诞生，甚至能把天才的闪光视作一种常态。在此我们需要感叹的不是明代的文化成就本身，而是唐宋的黄金年代竟然可以为后世提供如此漫长而可靠的舒适感。

宫廷绘画

明代宫廷绘画不再像宋代那样是文人艺术的推动者和时代思潮的体现，而是与之产生了对立关系，因为宫廷画家必须首先服从弥漫到审美领域的、狭隘的权力意识和刻板规则。宣宗算是一个例外，他本人就是一位画家，所以身边聚集了一些具有高超技艺的艺术家，以戴进为代表。戴进画了一幅渔夫图，由于色彩的需要，渔夫身穿红色衣服，红色是朝中官员官服的颜色，于是他被逐出画院，影响了后来"浙派"的形成。边文进实践了另一种不易被察觉的僭越行为，他师法黄筌，擅长花鸟，并且模仿了宋徽宗的花鸟甚至书法当中的那种完美和冷傲的气质，因此在宫廷里脱颖而出。若是南朝至宋代的艺术家在场，他那与自身境遇不符的品格气质就会被一眼识破，但在当时，明朝皇帝和同行只认为他"画得极好"，却没有发现在精神的世界里，边文进偷偷把自己放在了很高的位置。

吕纪和石锐的装饰画体现了明代宫廷品位的典范。留存至今的《雪岸双鸿图》（图1）和《探花图》（图2）就是这样的作品。《探花图》沿袭了青绿山水的基本色调，同时又将唐以前作为宗教画背景的风景格式精致化了。这件作品让我们想起敦煌217窟《朝圣行旅图》中，那种容易辨识的、表面化的飘逸感和神秘感，或者宋代《秘藏诠》的插图中的形式化的山体，还有燕文贵的《江

图 1 雪岸双鸿图 明 吕纪

绢本设色   197.8cm×111.4cm
台北故宫博物院藏

图2　探花图　明　石锐

绢本设色　32.7cm×122cm
私人收藏

山阁楼图》所体现的那种刻意的宏伟视角。郭熙《早春图》里那
种树枝与山石之间的留白，被精心勾勒的白色祥云所代替，这些
祥云来自更加古老的青铜器纹饰……这件作品以一种一丝不苟的、
精致而华美的方式，将作者和审批者认为重要的中国风景要素，
以及中华美学中的各种要点都串联起来，转变为知识化和观念化
的图示，以表现明代宫廷美学的波澜壮阔。这种可见的、容易解
释的形式化恰恰是其狭隘之处。

　　明代宫廷山水画家学习的典范是郭熙、马远和夏圭。其中的
代表人物除了石锐，还有周文靖，以及影响了日本画家雪舟的李
在等人。这种对典范的学习并非体现在美学理念中，而是体现在
形式里。例如《探花图》除了上述特点外，其中一些倾斜的山石
明显是来自《溪山清远图》的。这并非因为《水图》或者《溪山
清远图》中体现了某种以宋代皇室赋予的自信为后盾的、超然的

傲慢，或者摇滚般的叛逆与爆发力，而是因为这些技法和构图原则适合单独欣赏和学习，适合成为规范，恰好符合明代宫廷那种以容易说明和理解的理念来体现趣味与品格的审美习惯。源自两人构图习惯的"马一角""夏半边"，以及以"墨色袭人"为代表的笔墨特征，由此从明代宫廷流行开来。然而，宋人的绘画本来是一个整体，没有任何技法层面的东西是可以单独割裂出来成为规矩的。

吕纪《雪岸双鸿》作为宫廷花鸟画的典范，笼罩在一种不自然的视角里，树干上的两只鸟比沙洲上的两只距离更近，却处于透视的远处。我们可以说这是因为画面的上下两部分体现了不同的观看距离，是一种电影式的蒙太奇效果，但我们也可以说这是一种造作，将画面变成了某种精巧的与世隔绝的趣味容器。作为一种范式，它为后来的花鸟画打开了更大的空间，因为画家可以专注于画面结构，而不需要像宋代画家那样关心自我与自然的共鸣。这使得花鸟与山水一样，最终成为一种格式化的趣味。

明代宫廷艺术的格式化，使得画家本人的精神世界失去了自然的支撑，最终无可避免地成了一种需要被旁人根据规范来认可的假象。更重要的是，这些宫廷画师依然是以"文人"自居的。从结构的角度来看，他们的作品既然出自宫廷，那么依然是某种美学的典范。山水画诞生时所呼唤的对文人与自然之间的精神共鸣，以及从南朝就开始的、以作品体现艺术家本人精神与品格的美学，却在宫廷里丧失殆尽了。自然的特征不再重要，画家的内心也不再重要，只有那些浅显易懂的规范变得重要了。宫廷艺术的创造者和欣赏者在安全的规则中幻想自己徜徉在伟大的中国美学传统当中，并互相赞美和倾慕，这不仅是一种美学传统的停滞与倒退，也是精神世界的萎靡。这一情况成了后世对中国文人的刻板印象的源头，连对中国充满情感的德国汉学家顾彬，也把这样的文人看作是中国文人的本来面目——坏的印象一旦形成，连苏轼也难逃本来只属于石锐之流的指摘。①

文人画的发展

由于明代市场经济的持续发展，除了少数案例，民间的文人画普遍成为一种不成文的职业。于是在今天，如果不知道每一幅画创作时的背景，就很难分清楚哪些明代作品是出自内心需要的业余创作，哪些是出于商业或社交的需要。关于这一点，高居翰先生在他的《画家生涯》一书中有过详细的介绍。这其实也不重要，因为艺术家的创作动机并非美学观察的对象，实际上，再高

① 顾彬：《中国诗歌史》，刁承俊译，华东师范大学出版社，2013年，第 267 页。

明的学者，也无法搞清楚人类艺术世界中的任何一张杰出作品究竟是出于怎样的动机——人甚至常常都不明白自己做一件事情的动机。

　　沈周被认为是"吴派"的创始人，他的作品则以《仿倪山水轴》（图3）为代表。他自己曾说："倪瓒以简取胜，而吾以繁取胜。"两人的真正区别在于，倪瓒在画自己，而沈周则在画倪瓒。倪瓒的创作也不是为了取得胜利。在沈周这里，倪瓒成为一种可以被普遍认可的范式和理念。沈周则以一种更加简单的、更容易被旁人理解和学习的方式，表现自己对倪瓒的理解。这一创作方法体现了明代文人画的一个基本特征，即经常以对前朝范式的模仿或改造为主题。而解释前朝范例的过程也成为欣赏作品的

图3　仿倪山水轴　明　沈周

纸本水墨　120cm×29.1cm
故宫博物院藏

必备过程：每个人都需要表现自己对前朝美学的丰富知识和理解。

沈周的画作市场需求量巨大，所以他有时也让学生代笔。这些代笔与原作几乎没有区别，甚至连吴派的晚辈文徵明都无法区分。这便说明了何为一种"容易被理解和学习"的创作方式。文徵明本人不仅是一位画家，还是一位收藏家，并且在自己的非正式的画院里向学生传授绘画技法和知识。沈周与文徵明的教学方式使得学生对老师风格的沿袭和传承成为一种习惯，"画派"这一概念也逐渐深入人心。画派在宋代几乎没有存在过，因为艺术是源自内心的创造，好的艺术自古惺惺相惜，为何要分立门派呢？

这反映了一个更大的背景，即明代的文人艺术形成了一种新的审美机制。这种机制不再以思想和自然为基础，不再以个人化的感悟以及人与人之间感悟的共通性为基础，而是以风格的传承和理念的共识为基础的。这种机制可以通过浅显的讲述，让任何没有美学修养的人迅速理解和接受，由此方便沟通与传播。说到底，虽然明代的民间收藏家和艺术家普遍对宫廷品位嗤之以鼻，但在美学对象的转移方面，实际上又继承了宫廷美学的基本逻辑，即将难以言传的、需要体悟的自我和自然的精神世界让位于可供解释的规范与理念。画派便是这种规范与理念的必然产物。

在人类艺术的历史中，每当风格的重要性超过作品所要表现的对象时,画派就会兴盛起来。回想 20 世纪初期巴黎的各种画派,就能理解这并不是一件不光彩的事情。在中国,这种门派传承原本不属于文人,而是属于唐代以前的宗教画工匠的。文人的教育本是要让学生在自然的引导下寻找自己,而不是成为老师的复制品。然而从传播方法的角度来看,画派无疑能提供更好的品牌效应。这并不是说明代或者巴黎现代主义时期的画家与收藏家都熟读过现代传播理论著作,而是不自觉地反映了任何文化成就一旦需要主动推广自己,就必须借助市场规则的大背景。文化的规律与市场的规律本不相同,但推广(Marketing)的规律是亘古不变的。

　　例外总是有的。戴进在《渔父图》里表现出一种对元四家所拥有的创造自由的寻找。这件作品甚至从构图开始,就试图重现一种苏轼《枯木怪石图》所拥有的散漫和粗糙,以及一种无视风格传承的自在感。但是,与前人相比,戴进使用的笔法显然更加刻意突出了个人化的特点。《渔夫图》甚至比倪瓒的作品拥有更加强烈的个人痕迹,这是戴进用来平衡那种粗糙和自在感的。如若不然,当时的人就不会认为他是在认真创作一件值得欣赏的作品了。不难看出,在明代要做一位自在的画家有多么困难。总的来说,是因为风景传统本身已经太过成熟,就像欧洲的宗教化发展到洛可可时代以后,已经没有什么可以创造的空间了。18 世纪,在欧洲,风景画以及相关的美学理念姗姗来迟,成为那里的画家们新的动力之源,并一直影响到印象派和塞尚的创作,而明代画家却没有这样的新事物可以依照。

　　唐寅在对前朝宫廷艺术的理解方面，似乎与边文进有着很多共同之处：他们都认为精美和华丽的宫廷风格也可以表现一种文人式的绝世独立的气质。尤其当他们对同时代的文人画感到厌倦以后，宫廷式的华丽正好可以表达自己的格调以及对世界的态度。唐寅的《鸣琴图》便是这类创作的典型。这件作品从明代民间文人的普遍观点来看，是有宫廷趣味的，充满匠气和装饰性的；但在唐寅自己看来是精确、严谨、华丽和高雅的。其本身就是中国文人精神生活的一部分，而刻意强调朴实和随意感反而显得矫揉造作。即便如此，唐寅也只能在这两种既有美学理念之间选择一个不那么流行的、并依靠逆反式的思维，以及对前人既有成果的引用，通过理念化的方式，维持自己精神的独立，而无法在艺术上做出任何突破性的创造。

董其昌 "南北宗论"

　　董其昌的"南北宗论"以画派为基础，进一步将文人画本来不需要的规范与理念系统化了。我们已经注意到以吴派或浙派为代表的画派的形成，还需要知道，这并不是艺术创作一成不变的样子。董其昌则根据自己那个时代派别林立的情况，把这种派别

之分扩展到了它们并不存在或者并不普遍的时代。董其昌受禅宗
在晚唐分为南北宗的影响，指出历代文人画家也分为南派和北派。
他认为所有伟大的文人画家，包括王维、董源、巨然、李成和范宽，
都属于南派，因为他们的创作与禅宗的"顿悟"同源，这个派别
最后传到沈周、文徵明以及他本人。所有宫廷绘画则都属于北派，
从唐代的李思训开始，包括李唐、刘松年、马远、夏圭等人。

　　董其昌的分类法引起了至今尚未结束的讨论，这些讨论往往
是关于某个艺术家是否有被正确地分类。总的来说，将任何艺术
分为相对的两类本身就是一个问题，这就像禅宗被分为南北两派
本身也是一个问题一样，因为神秀和慧能并没有在顿悟和渐悟之
间划分明确的界限，更没有宣称自己创建了任何门派，他们的矛
盾关系也是后人营造的。另外，南派与北派分别指向以院体画为
代表的精确而赋予装饰性的风格，以及以民间文人画为代表的强
调笔墨和个人特征的风格。这本身就体现了晚明的文人意识形态
已经与官方产生了强烈的对立，而文人身份本身也已经被符号化
和风格化了。董其昌希望文人精神以及文人画的传统能够复兴，
可是要将任何东西作为一种风格和规范去复兴都是不可能的，因
为那只能陷入对规范本身的无止境的讨论当中。尤其需要注意的
是，华丽而精美的皇家风格，例如马远和夏圭的作品在宋代也常
常是先进的文人思想的产物——正如唐寅所表现的，如果文人没
有固步自封，没有给自己设定符号化的藩篱，那为何华美与精致

的东西不能表现独立而自由的思想呢?

很显然，这种南北派之间的分野甚至矛盾并不是天然存在的。正如前文所述，文人的思想与精神从来不是依靠与官方的对立而产生的，它不依靠任何对立的关系，本身就是每个时代新鲜血液的制造者。文人的意识形态也不是通过固有的风格与规范来维系的，而是依靠自身对新思想的创造来不断迎接新的时代，并且不断成为新范式的创造者。这种创造，除了思想领域的贡献，在艺术领域，就像王羲之创造了书法的范例，王维与五代的艺术家们创造了风景画的范例，拉斐尔创造了宗教绘画的范例，而塞尚又将绘画彻底拉入了现代世界……这种创造并不常见，也不能向任何人苛求。但是，在明代中国，在新儒家思想和风景画传统已经延续了至少六百年以后，在中国的文化艺术已经享尽前人遗产，而欧洲的艺术正逐渐走向现代化的时刻，作为历史的观众，我们有理由期待这样的创造。而董其昌的这一分类与其说是对新艺术的呼唤，不如说是彻底断绝了自身与过往的内在联系。与之同时被忘记的还有中国文人阶层作为一个整体的创造力和开放胸怀。从那之后，中国的艺术传统就更加依赖天才的闪光，直到欧洲的现代思潮带来新的养分为止。

明代的装饰艺术

明代在装饰画、纺织品、漆器、瓷器、景泰蓝、文房制品、家具、园林等领域都有着丰富的创造。唐以来，随着欧亚国家商贸往来的不断增加，中国的各个领域始终受国际风潮的影响，同时也影响着整个欧亚大陆的审美潮流。到明代，随着商品市场的进一步发展，文化创造力的减弱，以及留存至今的实物与文献的增加，国际风潮对国内的影响就更加显著了。

在高档丝绸制品方面，明代大量采用缂丝技术，这是 12 世纪从中亚传入中国的一种区别于刺绣的精致技术。缂丝技术足以将复杂精细的绘画图案转变为纺织品，因此主要用于宫廷服饰，以及皇家绘画和书籍的装裱。

对景泰蓝的记载最早见于《宋史·外国列传》，指出铜胎掐丝珐琅在 13 世纪经由大食传入，被称为"大食窑器""鬼国窑器"或"佛郎嵌"。这与 14 世纪出版的曹昭德《格古要论》记载相符，可以看出景泰蓝最初是阿拉伯国家的工艺。到明代宣德年间，景泰蓝工艺已经十分成熟，制品涵盖了各种高档日用品和文房用具。

从考古发现来看，漆器从战国开始就十分成熟了，是非常本土化的装饰艺术。漆器工艺到唐代发展出多层涂漆和螺钿技术。

明代漆器多采用"剔红"技术，以红漆为底，雕刻花草等图像，区别于形态简单的宋代漆器。但是，正如苏立文先生的考据所述，日本的漆器工艺虽然源自中国，但到 15 世纪的时候，已经有中国工匠远渡日本学习漆器工艺了。[①] 这就像景泰蓝工艺在后世显然需要以中国工匠为师一样。

瓷器在明代不但发展出新的风格，而且出口量也大大增加，由于明代瓷器的国际影响根深蒂固，欧美现代学界对中国瓷器的描写也是以明代瓷器为主体，以至于如今大量国内外学者对中国瓷器的认知还停留在明代。因此这里就不再对明代瓷器讲述了。有趣的是，国内外学界对宋瓷和高古瓷的了解的缺失，也对应了中国艺术给人留下的刻板形象。小岛毅曾提出过这样一个问题："哈佛大学有一位跟我一样做访问学者的从中国来的宋代思想史专家……我对他说宋代陶瓷之美……他的回答是'不懂'……确实如此，波士顿美术馆专门设有唐三彩和元代以后的景德镇瓷器展室，但是把这些宋朝的逸品作为中国陶瓷史普通的一页，与四千年前的生活陶器以及二百年前的粗俗制品同列展示。"[②]

[①] ［英］迈克尔·苏立文：《中国艺术史》，徐坚译，上海人民出版社，2014 年，第 263 页。

[②] ［日］小岛毅：《中国思想与宗教的奔流：宋朝》，何晓毅译，广西师范大学出版社，2012 年，第 10 页。

明代肖像画体现出一种源自近现代欧洲的再现式技法，例如无名的《浙江人士画像》，就体现出一种成熟的素描和阴影技法，这些技法显然是由传教士带入中国的。这些新的欧洲技法的出现预示了一直延伸到现代的、新的国际艺术风潮，下一章会继续谈论。

建筑与生活空间

中国的建筑从汉代可供研究的案例开始，到明代园林体系的成熟为止，已经有了可供总结的面貌。中国的建筑是基于比例和结构的立体造型美学的典范。关于中国古代建筑，有许多专门的研究可供参考，本章在这里只做最基本的讨论。

汉代出土的陶制建筑模型一般被称为"陶楼"，是今天了解汉代建筑的重要线索。其中最为精致的有 1979 年出土于湖北云梦周田村的东汉陶楼，反映了死者生前所居住的"重楼高阁"式建筑。建筑分为前后两楼，前楼为两层居室，后楼包括碉楼、厨房、厕所、猪圈及院落。这件模型，结合秦代就有的阿房宫的想象，以及一个新生帝国在全国范围内的新建道路与设施规模，可以给我们一个汉代建筑的大致印象。

在汉代，中国建筑里常见的以台基为基础的抬梁、穿斗和井干三种木构架体系都已经发展成熟。门的形制案例可见于墓门，有腰枋和余塞板，门扉双合，各有辅首门环，已经具备明清常见体制的基础。窗多见于陶楼，有长方形、三角、圆形等。斜方格窗棂比较常见，也有像流行于 21 世纪初的中国防盗窗的笼式窗棂，形成一个向外扩展的空间。后世常见的平坐结构在汉代已经形成，陶楼模型、画像石及汉墓实例中也都出现了简单的斗拱结构。檐和斗拱以下有交叠枋头，这在四川的汉阙、五台山的佛光寺大殿，以及奈良法隆寺有飞鸟时代风格的回廊里都能看到。后世主要的屋顶式样，如四阿（后来称为"庑殿"）、九脊（后来称为"歇山"），不厦两头造（后来称为"悬山"）、硬山、攒尖等，也都出现在汉代。汉代屋顶的坡面和檐口大多是直线，陶楼里偶然能看到弧度的变化，建于东汉的嵩山太室石阙则是最早的翘角实例。汉代石阙的檐端结构有角梁和椽支撑，椽的排列有平行的，也有展开状的，后世常见的卷杀手法在汉代已经出现。汉代砖瓦中的图案与文字总是令人浮想联翩，尤其汉代瓦当上的"长乐未央"四字，若不将其看作古董，而是复原当时文化生活的线索，那么一个新生帝国的活力与自信，以及史书的短短几页里所隐藏的也许会延续到永恒未来的短暂欢愉就跃然眼前了。

汉代建筑里的许多基础元素都一直延续到清代。抛开技术和材料，从整体美学走向的角度来看，中国建筑是逐渐从高耸走向平缓的。汉代建筑的碉楼是以登高望远——无论是自卫层面还是观景层面——为目的的建筑结构的代表；而到了明代，碉楼则彻底被园林所取代。关于园林的理念，这里也不再赘述，总之，居住者不再需要远望，天下的山川似乎都真的存在于自家院落当中了。园林将对真实自然的观看转为对虚构自然的观看，内心风景的重要程度逐渐大于真实的风景，这与中国文人艺术的发展脉络是相呼应的。

在建筑层面，这种对虚构风景的自信，出自建筑传统对真实自然的尊重。中国的建筑一直以木材为基本材料，就像鸟类的巢穴那样。中国建筑并非自然空间的征服者，而是自然力量的使用者。这也呼应了中国的美学内涵：人类在天地间既是独特的，又是无关紧要的，是与万物平等的。需要注意的是，木制建筑的形制与比例，尤其体现了以数学方式对自然材料之特性的利用。这种理智，就像牛顿的"自然哲学的数学原理"所体现的方法一样，是谨慎、优雅且屈服于自然的。建筑的体量、房间的尺度、观感归根结底都是由木材本身的特性所决定，且由数学所丈量。中国建筑对空间的舒适与完美的感官尺度，也是随着理智对自然材料的不断发掘而改变的。因此，景观园林在中国的发展是理所当然的，即便在园林诞生之前，中国的建筑也让人身处自然规则的环抱之中。

谈到这里，我们很容易想要将中国的木制建筑与欧洲的石质建筑做对比，并得出一些文化属性层面的结论。这样的对比和结论是很危险的，因为我们永远无法解释，为何一个国家的人愿意使用石头，而另一个国家的人更愿意使用木材。我们可以从自然环境、人文风貌等许多方面给出推测，但从理智的角度来说，对于不同文化群体的行动，我们只能知道它们是什么样的，而永远无法知道它们为什么会这样。在这一点上，实验科学也有着同样的限制：人们可以知道惯性是什么，知道万有引力常数的数值，但却不知道为什么会有惯性，以及为什么会是那个数值。如果非要给出一个原因，并且将其归纳为无可辩驳的因果关系，那么就必然进入形而上学或者神学的领域了。

当然，即便最简略地观察也很容易发现，在 20 世纪出现以钢材为代表的国际化的材料与形式之前，每个文化体系的建筑都有各自十分突出的一脉相承的特点。相比那些由一个艺术家就能独立完成的视觉艺术以及更加普及的装饰艺术，不同古代国家之间在建筑理念和风格方面的相互影响是十分有限的，建筑形态的变化也十分有限。在 17 世纪以后，中国明代的园林体系影响了欧洲，尤其是英国人的风景观，使得英国出现了许多中国式的园林；而中国对欧洲建筑似乎缺乏这种大规模的学习，除了清代各地的教堂采用了一些欧洲教堂的符号化元素，人们脑海中会浮现的大概还有圆明园当中那些脱离了建筑语境的类似"西洋景"的欧式建筑。比起欧亚大陆两端在文化和艺术方面自古以来的频繁交流，有关建筑的交流实在稀少且流于表面。

我们可以尝试为这种建筑交流的稀缺寻找原因。或许，建筑
不仅是一个国家的技术水平、材料资源、社会风俗、经济形态、
生活方式等各方面的综合体现，还是人类对自己在世界上的容身
之所的一种认知，而人类终究是需要安全感的。这种对安全感的
寻求，或许也体现在对建筑方法的因循当中。对此，我们或许有
过这样的经验：住惯了胡同或者农村小院的父辈，怎么也不愿意
搬进城中心的豪华别墅。另外，与容易学习的艺术不同，建筑技
巧的传播更具难度，这需要大量知识和经验的累积；更不用说在
纸张出现之前一张建筑图纸的珍贵程度了——可以想象，那几乎
就是建筑领域的"武林秘籍"。最后，就是现代之前，尤其是资本
主义社会之前的人类，对建筑的更新与城市的发展并没有什么特
别的钟爱。将摩天大楼当作一种可供炫耀的，且能够增强市民凝
聚力的精神图标，就像原始部落炫耀自己的图腾那样，是人类社
会最近才有的类似返祖现象的行为。

令人惊讶的是，虽然明代在家居装饰的许多方面都体现出一
种新的、华丽且浮夸的国际化潮流，但明代家具，尤其是明中期
或更早的家具，以一种区别于同时代其他物品的朴素方式，突出
线条与各部分之间微妙的比例关系，体现出明代文化对中国美学
中的结构化美感的理解。前面的章节曾经梳理过，这种美感最早
是体现在汉代的建筑与绘画当中的。明代建筑与前朝相比已经缺
少了简约的气质，但明代家具依然固执地继承了源自汉代壁画的

比例和结构关系。这种来自天地之间的关系，隐藏在南北朝飞天的衣褶里，一直延伸到唐代的书法、宋代的风景，以及倪瓒的构图里，并且至今在京都金阁寺那样的建筑里存在着。除了正仓院等极少数机构难得保存下来的唐代木制日用品，我们很难再目睹明代之前的中国家具真容了。但是我们需要理解，这些家具和建筑的体例相同，它们那看似理智而决绝的美感，并非来自纯粹的理性规则，更没有遵守黄金分割法则，而是在无数与自然的交流中、无数次对美与心性的内省中，得出的以双手、身体以及视线为尺度的经验。

知识与概念复习

1. "南北宗"是一个自古以来就存在于文人艺术传统中的概念，还是一个由个体理论创造出来的概念？

参考答案：显然是后者。

2. 流派与风格的出现表现了文人艺术的发展还是停滞？

参考答案：表现出美学思想的停滞，以及艺术市场化的发展。

思考题

1. 比较明代艺术风格化与欧洲现代艺术风格化的异同。

2. 为何与文人艺术相比，明代的建筑与家具所展现的美学面貌与宋代更
   加接近？这与当代美学是否有类似之处？

第十章

步入新的时代

清代

如果说清王朝破坏了中国文化的传承，显然有失公允。实际上，清王朝的满族统治者对汉文化的尊敬，以及对汉族官员的重视都是空前的。但是，这种重视与统治阶层对自身身份安全性的考量结合成了一种奇怪的绑定关系：首先，某种中国文化的"正统"被归纳为一个概念、一个被保护的客体、一种必要的文化标签、一种形而上的存在。那么，反对汉文化的"正统"，就等于反对王朝的统治者。于是，身处清朝的每个人都需要保护这个"正统"，继承这个"正统"。这看似没有危害，但如果任何人胆敢宣称自己从中发现了问题，并能够改变"正统"，让它在新时代和新世界发展出新的活力，并产生具有远见的改变，那就成了"大逆不道"的行为。在约翰·洛克的时代，欧洲思想的正统是形而上学，约翰·洛克打破了这一"正统"，又为欧洲思想创造了新的"正统"；而清代并没有诞生约翰·洛克那样的人。"正统"的安全与传承成了首要考虑，再也不会有人发起像古文运动或者禅宗那样的思想改革了。清代的学者常常认为自己对传统思想的掌握与实践是完备的、全身心的，然而这恰恰是他们违背新儒家初衷的开始。前朝文人不再是自己的同类，而是成了历史的神话。宋以来的新儒家思想重新回到了一种类似汉代儒家的模式：学者几乎不见了，放眼望去都是信徒。这成为一个语焉不详的所谓"儒家"给后人带来的负面刻板印象的源头。

与许多欧洲汉学家的看法不同，1911 年的中国并没有发生翻天覆地的变化。从一个更宏观的视角来看，整个清代以来的中国思想文化和艺术只不过是再一次经历了国际化的潮流。区别在于这一次，中国不再以世界中心的身份吸收不同文化的影响，而是成为先进潮流的学习者。"天朝上国"的神话被新的"西方"神话所取代。伊拉斯谟、伽利略、约翰·洛克或者莱布尼茨所感受到的那种对外国先进文明的崇敬与渴望，以及对本国停滞状态的无奈，这一次终于轮到中国的文人来体会。

这种体会也伴随着文人身份的消失。在一个新的现代世界里，现代化的学科分类逻辑取代了过去的综合性身份。于是，文人这一掌握着不同领域先进知识的群体，逐渐成了一个象征保守落后思想的标签，成为一个语焉不详的"儒家"的固执捍卫者。本来文人作为业余行为的艺术创造，在明代开始就逐渐成为一种职业，而如今，则成为对"文人"标签的表述方式之一，以及对自身"正统"身份的僵化表述。当然，这并不意味着清代没有产生任何值得人尊敬的艺术家以及学者，但是，身处一个思想失去活力的时代，当自身的身份都逐渐被时代所怀疑和抛弃的时候，自身的天才便很难再改变文化与艺术的走向了。

印刷与范例

　　单色印刷在宋代已经普及开来，随之而来的是世界上最大的图书量、最早的私人图书馆，以及高质量文化教育的普及。1346年出版的双色《金刚经》是世界上最早的套色印刷书。后来套印技术发展到五色，广泛地应用在绘画图集和文学插图等领域。到了1606年，全彩印刷的《程氏墨苑》就出版了。套色印刷技术在17世纪的中国被广为使用，在艺术方面最著名的有《十竹斋书画谱》（1633年初版）以及清初的《芥子园画传》（1679年初版）。套色印刷以木刻板为基本材料，这一技术在17世纪晚期传到日本，发展为浮世绘的主要形态。在中国，套色印刷并没有成为一项独立的艺术媒介，现当代的版画创作对于中国艺术家来说反而是一种舶来品。明清两代拥有全世界最先进的印刷技术，但并没有传播出什么新鲜的东西，仅仅是过往成就忠实的整理者，就像明清文人最擅长的是考据学一样。

　　随着彩色印刷的普及，后世画家几乎都对前朝经典如数家珍。这是一个重大的变化：在那之前，任何人想要看到前朝名作都不是一件容易的事情；而在那之后，前朝名作成为一种唾手可得的"艺术文献"。这极大地普及了绘画的品位，但也使得中国的艺术家的脑海中多了太多范式，以致他们在创作的时候，更加难以将自然本身作为对象，并更加倾向于将前朝的风格或传统作为对象。

清代的宫廷画就体现了范式的影响。其中的每一个细节都是明确的，符合所有可知的规范和理念，且没有任何瑕疵。一个人一旦接受了这种范式，那么世界上最为精妙而又壮丽、最为理智而又奔放、最"师法自然"且"天人合一"的作品，也不过如此了。任何形容都可以加诸这样的作品之上，因为它的每一笔都为各种称赞留足了空间。即便宋代的典范，也不过是造就这类杰作的早期前辈，仅仅因为辈分而更值得尊敬而已。一旦审美活动否定了对某种基于人性和心性之普遍性的、体现于形式又难以辨识的、抽象的精神气质与人格魅力的体察，而完全依赖可以辨识的形式痕迹与理论规范之间的契合，其结果必然如此。这样的行为就像是在谈论思想、哲学、宗教，或者爱情的时候，都一律遵循成文的规范一样，最终只会堕入解释和修辞的范畴，而远离一切真切的智慧与经验本身，这样的审美行为是与美无关的。

时代夹缝中的天才

明末清初的弘仁、龚贤、朱耷、石谿，以及石涛五位画家是那个时代天才画家的代表。这种天才不仅源于个人才华，也源于他们脱离时代束缚的努力，这由明代覆亡的巨大冲击以及个人之于时代的无力感所塑造。这令我们想起赵孟頫和元四家的时代。如果说在赵孟頫所处的时代，中国的现代绘画才刚发展到欧洲现代绘画后印象主义阶段,尚有无限的创新可能。那么到了明末清初,中国的绘画已经相当于二战后的极简主义绘画的阶段:一切风格与方法层面的创新可能都消失了,每一笔、每一块颜色,都在前人的创造中有迹可循,以致有人宣称绘画已经"死亡"。在这种时刻,只有那些忘掉创新而回归绘画初衷的画家,才能以一己之力重新描绘出穿透所有既有经验的壁垒,重新触动人心的作品。在中国风景画体系里——如果这个体系尚有存在理由的话——这需要画家忘记所有的笔墨规范、风格传承,重新以自然和自我的关系为对象,讲述那些早已被人所熟知的、最浅显却又最深刻的感悟。

龚贤的绘画毫不掩饰自董其昌以来的扭曲构图和结构化的"不自然"风景对他本人的影响。不同之处在于,就像龚贤《千岩万壑图》(图1)所表现的,他眼中的整个自然世界陷入一片死寂。这件作品甚至让我们想到英国维多利亚时期的哥特式风景:山中没有隐匿诗人和神仙,只有吸血鬼和弗兰肯斯坦的实验室。然而哥特风景里还有风雨雷电,那是值得敬畏和期待的力量,而龚贤的风景里没有一丝生气。从来没有中国画家如此坦诚而直白地表现自然在自己内心中的消亡——或者内心在自然中的消亡。这令人想起赵孟頫作品中的空洞,但赵孟頫内心还存有一个完整而健康的、无须他担心的文脉。所以,赵孟頫风景中的痛苦是将发而未发的,是含蓄而忧郁的;龚贤所目睹的中国则令他陷入彻底的绝望当中。

图1　千岩万壑图　清　龚贤

纸本水墨
27.8cm×980cm
南京博物院藏

　　石涛的绘画首先在方法上回到了风景画的源头，正如他在《画语录》里所说，艺术家要与自然合二为一。这是一句非常简单的表述，不仅在宗炳和谢赫的理论里都提到过这一点，禅画与文人画也都赞同这一点。要在石涛的时代重新做到这一点却非常难。但他做到了，因此他的《桃源图》以及《山水》册页所展现的极具创造性的风格直到现在还被人所模仿。无论构图或笔法，他的作品即便在今天看来都是充满现代感的。于是，石涛的作品常常被人理解为一种风格上的创新。但实际上，他并非为了创新而创新的，而任何对他风格的模仿都会显得庸俗且毫无意义。

弘仁（图2）和朱耷（图3）的作品是今天常被人津津乐道的，因为他们都有着非常明晰的、符号化的视觉元素。弘仁的山体脱胎于明代宫廷山水中的几何化或者说建筑化的山体；而朱耷则从禅画的简洁造型中找到了足以承载复杂情绪的个人标志。这些符号非常符合现代社会的视觉习惯，即便不具备任何审美能力的观众也能一眼认出。仅从这一点来说，两人在当时的前沿性就显而易见了。他们的方法也成为后世很多画家所追求的成功路径：只要能发明一种像"可口可乐"商标那样的标志，就能够被观众和艺术市场所接纳。从这一点来说，与石涛对风格的创造不同，朱耷创造的是一种新的模式，风格在这种模式里不重要了，符号才重要。然而，模仿他们的人却不明白，无论风格还是模式，其实都不重要，在一个有教养的社会里，在艺术领域里依靠成功学获得名利的概率甚至比在科研领域里还要低。

乍看之下，石谿作品（图4）之风格在"四僧"当中是最保守的、最接近人们刻板印象中的中国明清山水画。他的绘画心得也没有任何出格的部分，无非"论画精髓者，必多览书史。登山寡源，方能造意"。他也不避讳对前人风格的模仿和学习，董其昌的山体和文徵明的构图风格在他的画里都有直观表现。作为一位

图 2　九溪峰壑图　清　弘仁

纸本水墨　110.6cm × 58.9cm
上海博物馆藏

图3 荷凫图 清 朱耷

纸本水墨 115cm×48.5cm
弗利尔美术馆藏

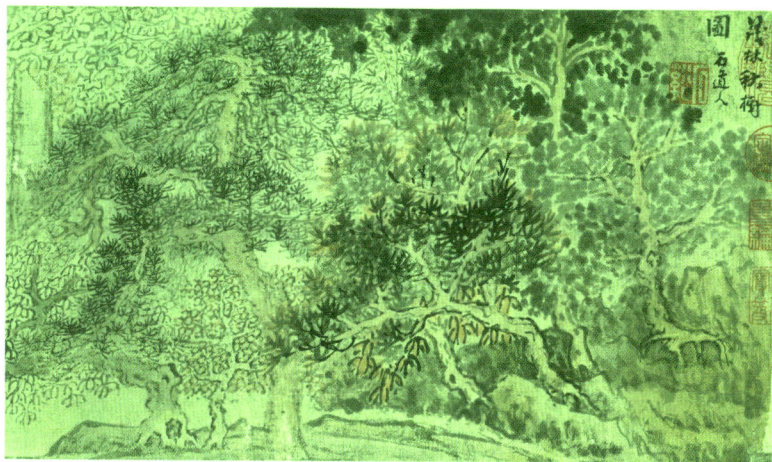

图4 茂林秋树卷（局部） 清 石谿

纸本设色 27.7cm×237.1cm
台北故宫博物院藏

僧人，他将绘画看作一种调理心绪的方式，也像明代以来的吴派
或浙派画家那样，将绘画看作一种为了绘画本身的风格与美感而
存在的自在之物。因此，他的作品是不具有表现性的，甚至流露
出一种平庸的平静感。但是，他的笔法中没有一丝做作的悠然自
得的成分，而是充满专注而又不自信的气质，并由此显现出平实
的脆弱感。更容易在今天被忽略的一点是，石谿的绘画并不接近
明代的正统文人画，他以一种敬畏的姿态，重新将笔墨隐入风景，
于是他的作品更容易令人想起宋代的作品。这本是一种大胆的复
古风格，但在后来，对石谿的模仿产生了连笔法也不必再考虑的

装饰风格。

总之，从艺术形式本身来说，这五位艺术家实在无法为后人留下什么能够学习的东西；而值得后人学习的部分，又难以为后人所理解。他们的艺术创造更多成了后世新的不良习惯的开端。这便是他们的天才和孤独所在。清代后来出现的以"扬州八怪"为代表的个性化的民间画家也可以看作是对他们的模仿。实际上，在今天的当代艺术领域，这是每一位优秀艺术家必然要面对的东西，因为我们的精神世界比那时要更加四分五裂。

文人艺术的尾声

以董其昌的学生王时敏为首的四位王姓画家被称为"四王"，是董其昌所归纳的文人画"南派"的自觉维护者。他们将一种格式化的"中锋"用笔融入作品的每一笔中，并且以重现自己心目中的"元四家"或者更早期大师的特征为荣。就像欧洲一直到现代主义时期依然存在的众多新古典主义艺术家那样，他们对自己所认定的某种"正统"的坚守可以说是偏执且狭隘的，但也由此创造出一种绝无仅有的，将美感寄托于往昔的忧郁。例如王时敏似乎最喜爱黄公望的山水但他的《仿古山水册·仿巨然》（图 5）几乎已经把握住了五代画家借助禅宗在自然当中所发现的静穆感，

图 5　仿古山水册·仿巨然　清　王时敏

纸本设色　25.7cm×18.7cm

弗利尔美术馆藏

而他是完全依靠对技法和结构的专注去重新发现的。

　　他也跟普桑等欧洲的新古典主义画家一样，因为刻意突出过往作品中的核心元素而远离了过往。正如贡布里希在《艺术的故事》里讲述普桑的时候所说的，一旦将过往的经典归纳为经典，并努力学习其中的核心元素，那么就已经落入了"规范"的陷阱：自然与天堂都不存在了，绘画便只能以规范为对象。不难看出，这个问题实际上是继承自明代画家的。当传统成为传统的时候，便成了一种负担。当对传统的继承变成了一种道德层面的合理性，而非方法层面的开放性的时候，王时敏的创作便已经是巅峰了。

　　王原祁的作品（图6）则有一种刻意的不稳定感，这似乎来自对董其昌作品中一些山体的学习。他常以倪瓒的山水为题，但他刻意将自己的山水刻画成一种类似盆景或者模型的样式，显然是在等待观众发现自己的作品与倪瓒的作品之间的巨大区别。这种强烈的虚拟感，配合那种同样刻意的不稳定感，让人察觉到一种对画面自身做作的强调与揭露。王原祁似乎在以一种容易被察觉的却又难以被指证的方式，反讽自己以及周遭人物的艺术理念。无论在他当时还是后世，都没有人认真讨论过这一点，似乎人们根本不愿意承认王原祁并非那个"正统"的捍卫者，而是藏身其中的讽刺者。西班牙画家戈雅许多接受委托的人物画也是如此：在很长时间里，都没有人愿意承认他画中存在着明显的对人物的

图6　山水十二开（其一）　清　王原祁

纸本设色　49cm×31cm
天津博物馆藏

刻意丑化。

王原祁的这一态度难以被指证的原因在于，他对"正统"的笔法和皴法的使用是极其娴熟的，对古代案例的引用也符合典雅且刻板的规则。这显现出他的理念和技法所具备的广度。而且，即便抛开他难以证实的反讽态度不谈，他的作品也体现出一种个人的活力和天才，是"四王"当中有着显著个人魅力的画家。他的画作有一种朱耷式的不规范和格格不入的感觉，那些山体的陈列方式令人想起朱耷笔下的鸟和鱼，但使用了比朱耷更复杂和隐晦很多的方式来表现。只有一个对自己需要墨守的陈规异常熟悉，对自己的技法十分自信，同时又感到厌倦的艺术家，才有可能做到这一点。

"四王"和他们所模仿的古代大师之间的区别是巨大的。即便抛开思想不谈，仅在技法层面，对待以皴法为代表的笔法的态度也截然不同：五代和宋代的画家心目中是没有皴法的，这使得后人只要试图归纳他们的皴法，就一定会陷入格式化的误区。这一误区被合法化显然是从董其昌开始的。董其昌与约瑟夫·博伊斯（Joseph Beuys）有很多相似之处，他们对艺术理念充满个人主义的刻意简化是有着明确动机并能被理解的。但是，我们很难想象像王原祁这样才华横溢且对古代作品有着深刻理解的画家会看不出这一点。他们却没有提出任何异议，依然坚持将此作为"正统"

的一部分，并以古人之名，来赞同一个在古代并不存在的"正统"。

为什么要这样呢？我们从王原祁的身份中就能看出端倪：他既是王时敏的孙子，又出任内廷书画谱馆总裁和户部侍郎，且深受康熙帝喜爱。如果他质疑董其昌以来的传统，不仅意味着对前辈的顶撞，也推翻了康熙深信不疑的中国艺术"正统"。康熙需要的正是一个容易理解且安全的"正统"。为什么王原祁作为某种程度的艺术领袖，不尝试改变康熙以及更多文人艺术家的想法呢？我们可以想象，或许曾经有人拥有像王原祁那样的机会，并且真的尝试了，但那个人已经无法被记录在案了。这提供了一条线索，让我们理解当时文化生活的脆弱与无奈。这在过往中国的文化生活里是难以想象的，但在明清逐渐成为一种习惯。正如本章开头所说，这并非来自清朝皇室对汉文化的敌意，相反，是来自他们对汉文化作为"他者"的尊敬和由此而生的深深的不自信。而中国的思想领域因为失去活力也变得不自信了，于是除了遵守规则与讨好皇帝，似乎也没有什么好追求的了。

新的国际潮流

传教士给中国带来了基于欧洲古典绘画的技法。从文献来看，这次的国际潮流与过往相比，不仅是源自国家间的文化或经济交流，也源于清代宫廷的大型艺术家驻留邀请。康熙皇帝将耶稣会士艺术家安顿在启祥宫，作画的同时也向中国的宫廷画家传授基于再现性技法的精准透视和造型技术。郎世宁无疑是这一潮流的代表人物。他的每件作品不仅表现出精致的阴影造型法，还有准确的透视和造型。同时，他又很快将清代院体画所继承的中国"正统"风格融入自己的作品，例如《百骏图》中的远山和树枝，体现了他对由明代画家所开发以《芥子园画谱》为代表的那种容易传授并掌握的笔墨技法的精通。郎世宁在中国的艺术姿态显然是不自由的，因为虽然是在传播新事物的名义下进行的创作，但他同样需要表现出对那个"正统"的维护和尊重。他的作品里既没有欧洲的现代精神，也没有中国文人的风骨，而是缺乏精神内涵的再现技法和笔墨规矩的集合。他的作品无不体现出明代以来的宫廷画家所传授的本领：用曼妙而精致的足以讨好皇帝的技术，以及对伟大传统的虔诚赞美取代所有"不合时宜"的思想与才华，就像卡尔·车尔尼（Carl Czemy）的变奏曲。

这一潮流在民间有着更具活力的呼应，以任熊为代表的，受到欧洲新潮流影响且更具思想自觉性的"海派"逐渐形成。任熊在 1857 年绘制的《湘夫人图》（图 7）融合了欧洲古典再现技法和笔墨之美。更重要的是，中国的艺术家跳出山水的传统，为自己画像，这就像伦布朗那个时代的欧洲艺术家的自画像一样，是一种画家自我意识觉醒的产物。本来，中国的山水风景就是中国文人的独立思想和自我意识的产物，也是这个世界上最早表现出艺术家个人独立思想的艺术作品。但是，经过了几百年之后，随着清代暗淡的思想生活带来的保守而麻痹的气氛，山水风景已然成为令人沉醉其中的温柔梦乡，艺术家需要重新醒来了。

在同一时间里，欧洲的美学脉络正在发生巨大的转变，文艺复兴时期所确立的以古希腊艺术为范本的再现性的美学，转向了平面性和结构性的美学。马奈的画作很难说是这一转变的最早案例，但却是这一转变的代表。在他之后，以印象派为开端的各种艺术风格的创新，都是以再现性美学被平面性和结构性美学所取

图7　湘夫人图　清　任熊

纸本设色　121.4cm×35.3cm

上海博物馆藏

代为基础的，塞尚则使这一新的美学方向变得更加具体而系统化
了。马奈也因此常常被视作欧洲现代主义艺术的开端，而塞尚虽
然不属于任何可辨识的现代主义风格（他有时会被归入一个语焉
不详的"后印象派"），但也被视作现代绘画的里程碑式人物。与
之相比的，当时中国的国际化风潮，却是由宫廷画师带来的欧洲
古典的再现性美学。中国自身的结构性与平面性的美学，从商周
发展到清代，已经失去了方向感。而宫廷画师带来的再现性技法，
也仅仅是一种对中国皇帝和艺术家而言的新鲜技术，不可能将当
时那个失去了文化活力的中国拉回到现代世界的新潮流当中。有
趣的是，日本的浮世绘美学为以马奈为代表的这次转变提供了极
其重要的参考，影响了当时一大批欧洲艺术家。而日本的浮世绘
显然也是继承自以线条和平面结构为代表的中国美学思想的。而
当时的中国已经将这种美学发展为以笔法为代表的、极其复杂的
风格辨识系统，也因此陷入了自己给自己造就的迷宫里。不难看出，
失去活力的不是任何美学体系本身，而是艺术家具备发展某一体
系的能力。我们只能说，这种能力往往与一个时代的文化活力有关。

例外总是存在的，黄宾虹便在自己的山水中，以文人画所依
仗的纸张和笔法，发现了回应国际潮流的方式。从技法层面说，
他的作品体现了对体积塑造和透视法的高度自觉，这甚至让他的
一些作品看上去是杂乱而漆黑的。从美学理念来说，黄宾虹之所
以要这样做，是因为他想重新让皴法不复存在，同时又保留自我

在笔法中的存在感，这体现了他跨越复杂传统，直达本源的决心。另外，黄宾虹也提示了一个重点：再现性美学对体积和空间的强调本来就是五代和宋代画家所擅长的，这与中国的山水并不矛盾。空间透视本身不是区分绘画风格乃至美学特征的要素，中国的绘画中并非没有空间，只是没有严格意义上的再现性透视法。这一区别并非源自中国文人不够理性，而是源自对内心空间与外在空间的融合。于是，在跨越了皴法的障碍之后，黄宾虹晚年的作品又将体积和透视融入笔法，用寥寥几笔就勾勒出层次分明的空间。当代艺术家大卫·霍克尼（David Hockney）也着迷于这一技巧，只不过他用的材料是 iPad 数码绘画板（图 8）。与之不同的，黄宾虹与明代画家更加相似，依然在寥寥几笔中保留了将笔墨视作自己桃花源的审美意识（图 9）。

在新的国际潮流面前，从汉代开始的，一种本来立于天地之间的中国化美学，已经逐渐变成了边缘化的东方美学。在这样的情境下，过往的"四王"对笔墨的坚守成了偏安东方的依据，而"四僧"的自我则成为玩世不恭的参考。作为一位跨越了晚清、民国和新中国，经历了辛亥革命、抗日战争和解放战争的画家，黄宾虹在晚年也选择了偏安。这令人想起辜鸿铭的文化态度：在飘摇暗淡的文化生活里，作为一位对自身的文化身份有所担当的人，在偏安、玩世不恭或者西化三者之间，选择的往往还是第一个。时代的潮流仅仅是表象，对天地自然的理解无需借助流行的理念，

图 8　更大的水花（*A Bigger Splash*）　1967 年　大卫·霍克尼

藏地不详

图9 西海门图 近现代 黄宾虹

88cm×46cm

藏地不详

只需要用自己的实践去证悟，这是新儒家思想的基本。如果时代不允许自己为文脉找到新的出路，那就以捍卫者的姿态与它一起被历史碾过，然后在泥土里重新生根发芽。这便是程颐所说的"诚无为"中的"诚"。

　　这之后中国艺术的发展就不在本书的讨论范围之内了。1979年，以王克平、马德升和黄锐为代表，一群年轻的中国业余艺术家把自己的艺术作品悬挂在北京一座公园的围栏上，称之为"星星画展"。中国的艺术家由此开始了追赶世界当代艺术的脚步。欧洲自19世纪以来的艺术成就被压缩成一个平面，同时进入了改革开放以后的中国。在那时的中国艺术家看来，杜尚与劳森伯格、马格里特与里希特是同样新颖、同样前卫、同样不可思议的。这样的时间错乱感伴随中国的当代艺术发展至今。这样的现状本身就值得另一本书用一种更精细的尺度去讨论。我们依旧可以对人类对美的追求抱以信心，因为从神话时代开始，追求美好与遥不可及的东西就是人类的天性。我们还可以确定的是，中国思想和艺术的创造力远比现在的迷茫要源远流长得多。

知识与概念复习

1. 西洋画对清代艺术的影响主要体现在思想层面还是技法层面？

      参考答案：技法层面，而且是再现性的古典技法。

2. 尝试总结"四王"的总体美学特征。

      参考答案："四王"的总体美学特征是明代文人艺术的风格化的

延续。

思考题

1. 为何文人艺术会迎来自身的终结?

2. 应该如何创造出属于今天的当代艺术?